JN290242

VHDLによる
ディジタル電子回路設計

兼田 護 著

森北出版株式会社

● 本書のサポート情報を当社Webサイトに掲載する場合があります．下記のURLにアクセスし，サポートの案内をご覧ください．

https://www.morikita.co.jp/support/

● 本書の内容に関するご質問は，森北出版 出版部「(書名を明記)」係宛に書面にて，もしくは下記のe-mailアドレスまでお願いします．なお，電話でのご質問には応じかねますので，あらかじめご了承ください．

editor@morikita.co.jp

● 本書により得られた情報の使用から生じるいかなる損害についても，当社および本書の著者は責任を負わないものとします．

■ 本書に記載している製品名，商標および登録商標は，各権利者に帰属します．

■ 本書を無断で複写複製（電子化を含む）することは，著作権法上での例外を除き，禁じられています．複写される場合は，そのつど事前に（一社）出版者著作権管理機構（電話03-5244-5088，FAX03-5244-5089，e-mail：info@jcopy.or.jp）の許諾を得てください．また本書を代行業者等の第三者に依頼してスキャンやデジタル化することは，たとえ個人や家庭内での利用であっても一切認められておりません．

まえがき

　以前のディジタル回路の製造は，NAND 回路群，各種のフリップフロップ群など，多種・多様な MSI（medium scale integration）を組み合わせて行われていた．したがって，ディジタル回路の設計者は，市販されている MSI 全般に通じる広い知識を持ち，論理演算の簡単化・最適化，ド・モルガン則の適切な適用による OR や AND の NAND 化，配線を見通した MSI 素子の配置，等々を総合して，回路を最終決定できるような経験・熟練を有している必要があった．

　ディジタル回路を記述する言語 HDL（hardware description language）が開発され，ディジタル回路が再構成可能な LSI，いわゆる，1000 ゲート超の PLD の供給が行われると，分厚い MSI のデータブック片手の，経験・熟練を要した設計技術は必要なくなってしまった．MSI 素子の必要性は PLD 回りのインターフェース部分だけとなり，以前のような設計技術の範囲は大幅に縮小してしまった．ディジタル回路の主要部分は PLD または ASIC の中に凝縮され，極端な言い方をすれば，HDL で回路仕様を記述すれば，後はコンピュータと PLD 任せである．

　このような背景の中で，**高速・大規模ディジタル回路システムを要求する社会に答える技術者の教育**を目的に，著者の電子機器に関する永年の教育・研究経験を基に，本書を著わした．

　本書は，大学工学部および工業高専の電気電子系工学科の教科書に利用することを主眼として著わしているが，ディジタル電子回路設計を目指す一般社会人の自習書，さらには，大学院学生のための参考書としても十分に適する．

　本書の内容は，半加算器からディジタル信号処理回路というディジタル回路の設計（VHDL 記述）を通して，ディジタル回路システムに関する学習に主眼を置いている．HDL 記述は回路の機能や動作を表現しているので，HDL 記述を用いると，**初心者でも，高度なディジタル回路システムの理解が容易**である．

　第 1 章および第 2 章については，以後の章のための入門的なものである．すでに論理回路に関する学習を終えている場合には，第 2 章をざっと読んだ後，第 3 章から学習を始めるのが適当である．第 3 章から第 10 章については，ディジタル回路および VHDL 記述法を系統的に述べており，また，VHDL の基本的記述法のすべてを網羅している．したがって，第 10 章までを学習の目標としても良い．なお，第 11 章および第 12 章についてはやや高度な内容となっている．この二章は意欲ある学習

まえがき

者のために付加している．

　本書を執筆するに当り，VHDLについては，「IEEE Standard VHDL Language Reference Manual」，IEEE P1076 2000/D3 を全面的に参考にしたことを付記する．

　最後に，本書の出版に尽力をいただいた小林巧次郎氏，巧みな編集をしていただいた山崎まゆ氏をはじめ，森北出版株式会社の多くの方々に深く感謝を申し上げる．

2007年8月

著　者

もくじ

第 1 章 ディジタル回路

- 1.1 アナログとディジタル 1
- 1.2 bit 3
- 1.3 電子回路上での 2 進数の表現 3
- 1.4 数値の表現　5
  - 1.4.1 絶対値表示整数　6
  - 1.4.2 2 の補数表示整数　6
- 1.5 2 の補数表示整数の加減算 7
  - 1.5.1 加　　算　7
  - 1.5.2 減　　算　9
- 1.6 論理回路 9
  - 1.6.1 論理代数　10
  - 1.6.2 not 回路　12
  - 1.6.3 or 回路　13
  - 1.6.4 and 回路　13
  - 1.6.5 xor 回路　13
- 1.7 論理回路とディジタル回路 14
- 演習問題 1 15

第 2 章 ディジタル回路の生成

- 2.1 小規模回路 16
- 2.2 大規模回路 18
- 2.3 順序回路 18
- 2.4 ハードウェア記述言語 20
- 2.5 HDL によるディジタル電子回路設計 21
- 2.6 PLD 22
  - 2.6.1 PLD の内部機構　22
  - 2.6.2 CPLD と FPGA　23
- 演習問題 2 24

第 3 章 論理回路と VHDL 記述

- 3.1 VHDL 記述 25
- 3.2 entity 部 26

3.3 architecture 部 ·· 28
演習問題 3 ··· 30

第 4 章　階層記述と多 bit 信号

4.1　半加算器と全加算器 ·· 31
4.2　並列 4 bit 加算器 ·· 33
演習問題 4 ··· 36

第 5 章　真理値表からの VHDL 記述

5.1　半加算器の真理値表 ·· 37
5.2　VHDL 記述（その 1, if 文の使用）······························ 38
5.3　VHDL 記述（その 2, case 文の使用）·························· 40
演習問題 5 ··· 42

第 6 章　カウンタ回路の設計

6.1　フリップフロップ··· 43
6.2　非同期式回路と同期式回路 ·· 45
6.3　BCD カウンタ ··· 47
6.4　周波数分周回路（レジスタによる順序制御）················· 50
6.5　周波数分周器（integer による順序制御）····················· 53
演習問題 6 ··· 55

第 7 章　演算回路の設計

7.1　2 の補数表示整数の加減算回路 ··································· 57
7.2　累算式演算回路 ·· 60
7.3　コンピュータ用演算回路 ··· 62
　　　7.3.1　設計要件　　63
　　　7.3.2　VHDL 記述　　64
演習問題 7 ··· 70

第 8 章　乗算器の設計

8.1　並列型乗算器と直列型乗算器 ····································· 71
8.2　直列型無符号整数乗算器 ··· 72
　　　8.2.1　制御回路　　73
　　　8.2.2　VHDL 記述　　74
8.3　Booth の乗算アルゴリズム ·· 75

8.4　直列型 2 の補数表示整数乗算器・・・・・・・・・・・・・・・・・・・・・・・・・　78
　　　　　8.4.1　制御回路　78
　　　　　8.4.2　VHDL 記述　79
　　　8.5　直列型 2 の補数表示固定小数点乗算器・・・・・・・・・・・・・・・・・・　80
　　　8.6　VHDL における並列型整数乗算と除算・・・・・・・・・・・・・・・・・・　82
　　　演習問題 8・・　83

第 9 章　シリアルデータ回路の設計

　　　9.1　シリアル信号とパラレル信号・・・・・・・・・・・・・・・・・・・・・・・・・　85
　　　9.2　調歩シリアル符号伝送信号・・・・・・・・・・・・・・・・・・・・・・・・・・・　86
　　　9.3　受信回路・・　87
　　　　　9.3.1　順序制御　88
　　　　　9.3.2　VHDL 記述　89
　　　9.4　送信回路・・　92
　　　　　9.4.1　順序制御　92
　　　　　9.4.2　VHDL 記述　93
　　　9.5　状態遷移と VHDL 記述・・・・・・・・・・・・・・・・・・・・・・・・・・・・・・　96
　　　演習問題 9・・　98

第 10 章　周波数カウンタの設計

　　　10.1　周波数カウンタ・・・・・・・・・・・・・・・・・・・・・・・・・・・・・・・・・・・　99
　　　10.2　最上位層ブロック（TOP）・・・・・・・・・・・・・・・・・・・・・・・・・　101
　　　10.3　タイミングパルス発生ブロック（TPG）・・・・・・・・・・・・・　102
　　　10.4　10 進カウンタブロック（DCU）・・・・・・・・・・・・・・・・・・・・　104
　　　10.5　レジスタブロック（REG）・・・・・・・・・・・・・・・・・・・・・・・・・　106
　　　10.6　符号変換ブロック（COC）・・・・・・・・・・・・・・・・・・・・・・・・・　106
　　　　　10.6.1　7 セグメント数字表示器　106
　　　　　10.6.2　下位層部（ENC）　107
　　　　　10.6.3　上位層部（COC）　108
　　　演習問題 10・・・　109

第 11 章　sin・cos 関数計算回路の設計

　　　11.1　関数計算回路・・・・・・・・・・・・・・・・・・・・・・・・・・・・・・・・・・・・　110
　　　11.2　CORDIC アルゴリズム・・・・・・・・・・・・・・・・・・・・・・・・・・・・　111
　　　11.3　回路構成・・　113
　　　11.4　VHDL 記述・・・・・・・・・・・・・・・・・・・・・・・・・・・・・・・・・・・・・・　115
　　　演習問題 11・・・　118

第12章　ディジタルフィルタ回路

　　12.1　FIR型ディジタルフィルタ ･････････････････････････ 119
　　　　12.1.1　構造と回路構成　　119
　　　　12.1.2　回路設計　　121
　　　　12.1.3　上位層部のVHDL記述　　123
　　　　12.1.4　ROMブロックのVHDL記述　　125
　　　　12.1.5　SWMブロックのVHDL記述　　126
　　12.2　IIR型ディジタルフィルタ ･････････････････････････ 127
　　　　12.2.1　構造と回路構成　　127
　　　　12.2.2　回路設計　　128
　　　　12.2.3　VHDL記述　　130
　　演習問題12 ･･ 132

演習問題解答 ･･ 133
さくいん ･･･ 147

VHDL文法規則掲載ページ

1. VHDL記述について
　VHDL記述の構成　26
　entity部　26
　名前の付け方　27
　port文　27
　architecture部　28
　出力信号（out port）についての注意　29
　コメントの書き方　30

2. データの型について
　signal文　28
　vector型（多bit信号のデータ型）　35
　std_logic型データ　40
　integer型のデータ　54
　データの配列宣言　117
　定数宣言　117

3. 信号の演算と代入について
　論理演算子　29
　同時文　32

　ビットを指定する信号の代入　51
　算術演算子　59
　シフト演算子　67
　並列型整数乗算と除算　82
　for-loop文（繰返し記述）　91

4. 順序制御について
　process文　39
　if文　39
　case文　41
　event属性　46

5. 階層構造記述について
　component文　32
　componentの引用文　33

6. ROM・RAMの記述ついて
　ROMの記述例　125（リスト12.2）
　RAMの記述例　145（演習問題解答11.2）

第1章 ディジタル回路

　自然界の信号はアナログ信号である．我々は自然界の生物である．したがって，我々が知覚し，また，発する信号はアナログ信号である．一方，工学界にとっては，信号はディジタルである方が，高度で正確な信号処理が可能であるなど，何かと都合が良い．電卓で始まったディジタルが，時計，コンピュータ，電話，カメラ，テレビジョン，…と数多く身近な製品に利用されている．本章はこの「アナログ/ディジタル」から開始し，続いて，ディジタル信号を2進数で表すことの意義，負の数を含む2進数の表現法，および，機械的に行う2進数の加減算理論を述べる．さらに，2進数の演算が電子回路上で可能なことを数学的に裏付けている論理代数についてはやや詳しく述べ，最後に，「2進数演算に対応する論理代数式」を電子回路で実現したものがディジタル電子回路であることを示す．

1.1 アナログとディジタル

　アナログ信号 (analog signal) とは信号源から得られる信号そのものか，または，その値が縮小や拡大された信号のことをいう．すなわち，図 1.1 (a) に示すように，その値は連続的に変化し，時間的にも途切れることはない．

　ディジタル信号 (digital signal) は，図 1.1 (b) のように，アナログ信号の瞬時値 (instantaneous value) を一定周期で抜き出し，その値を数値 (digital value) で表現したものである．この瞬時値を抜き出すことをサンプリング (sampling) という．サ

(a) アナログ信号　　(b) ディジタル信号

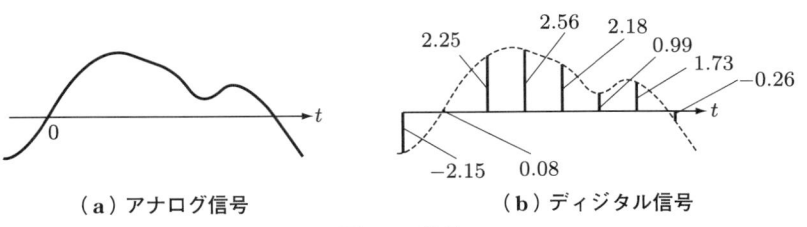

図 1.1　信号

ンプリング周期（sampling period）が適切であり，数値の桁長（表現精度）が十分であればディジタル信号は元のアナログ信号の性質を十分に保有している．

　信号処理（信号の加工）が簡単な場合は，抵抗，インダクタ，キャパシタ，半導体素子など，多種・多様な特性のアナログ回路素子が存在し，比較的容易に，単独または複合した素子特性を応用することができるので，物理的に，経済的に，アナログ電子回路が有利である．しかし，高度な信号処理を行う場合は，多量の電子回路素子を必要とするので，アナログ電子回路ではその素子の特性にばらつきがあること，特性の精度が比較的に低いこと，精度に経年劣化を有していること，雑音の重畳が起こりやすいことなど，種々の原因で信号が劣化するので，高度な信号処理はきわめて困難となる．

　ディジタル電子回路は，信号の処理を数理的に行うので理想的な処理が可能であり，その桁数が十分に大きければ精度の低下もない．さらに，素子を多量（多段）に用いても，動作は安定で再現性も高いなど，信号の劣化はきわめて小さい．なお，ディジタル電子回路は，アナログ電子回路に比して，桁違いの数の演算素子を必要とするが，回路を LSI（large scale integrated circuit，大規模集積回路）化することにより，経済的な生産が可能である．

　いま，CD（compact disk）を再生して音楽を鑑賞している場合を考えてみる．CDは，図 1.2 のように，マイクロフォンで拾われた楽音というアナログ信号が，AD 変換器（analog-digital converter）によってディジタル信号化され，記録されている媒体である．CD から再生されたディジタル信号は，ディスク表面の傷などによって失われたデータ回復の処理が行われた後，DA 変換器（digital-analog converter）によってアナログ信号化され，増幅され，スピーカから楽音となって聞こえてくる．すなわち，我々が接する信号はアナログであるが，我々が接していない部分の信号はディジタル信号である．このように現在の電子回路においては，信号がアナログ信号であるよりも，ディジタル信号である方が信号を高品質に保つことができ，利用価値が高い．

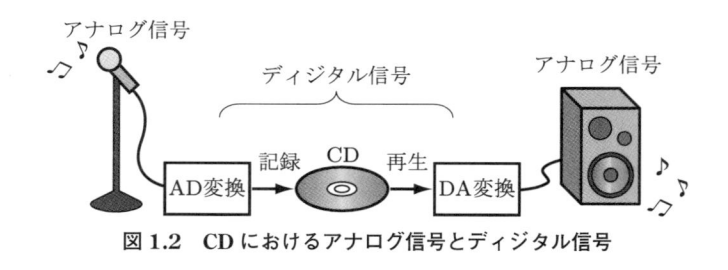

図 1.2　CD におけるアナログ信号とディジタル信号

1.2 bit

ディジタル信号の大きさは数値で表される．用いる数系は 10 進数でもよいが，10 進数の場合，電子回路の状態を 0 ～ 9 の 10 個の状態に区分して動作させなければならない．しかし，図 1.3 に示すように，電子回路の状態を 10 個の状態に区分して動作させるよりも，2 個の状態に区分して動作させる方が，その許容動作範囲が広くなるので，より安定な回路となる．したがって，2 個の状態区分を 0/1 に対応させた 2 進数（binary number）を用いることの方が得策である．

情報の最小の表現は有/無，白/黒，高/低などの二値である．この二値を 2 進数 1 桁（digit）の 0/1 に対応させれば，情報は 2 進数で表すことができる．そこで，情報量の単位を bit（binary digit，ビット）という．すなわち，N 桁の 2 進数は N bit の情報量を有しており，また，2^N 個の異なった情報表現をすることができる．

注 一般に，「5 bit 目」というように，「(2 進の) 桁」という表現にも bit が用いられている．本書では，これを「5 ビット目」というように「ビット」で表現し，情報量の単位あるいは「(2 進の) 桁数」であるところの bit とを区別している．

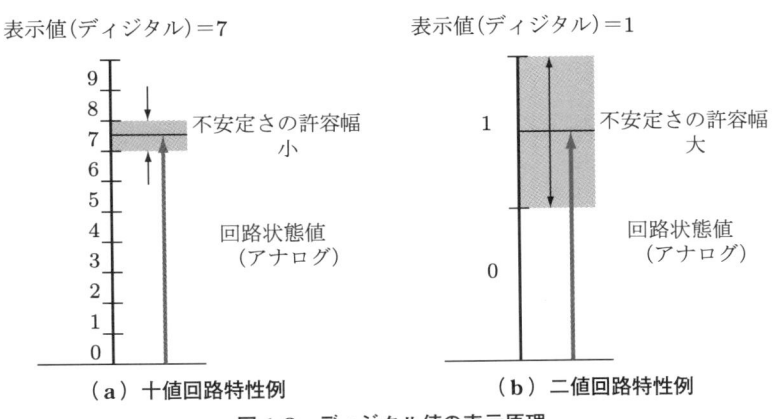

表示値(ディジタル)＝7　　　表示値(ディジタル)＝1

（a）十値回路特性例　　　**（b）二値回路特性例**

図 1.3 ディジタル値の表示原理

1.3 電子回路上での 2 進数の表現

2 進数 1 桁は 0/1 の二値である．図 1.4 に示すように，電子回路のスイッチの二状態，すなわち，on/off や電圧の二状態，すなわち，電圧が高い/低いなどをこの二値に対応させることができる．電圧が低い状態を L（low），高い状態を H（high）と呼んでおり，この H/L を 0/1 に対応させるか，あるいは，1/0 に対応させるかの規

（a）スイッチ　　　（b）半導体（L出力）　　　（c）半導体（H出力）

図 1.4　電子回路の二状態

（a）コモン側接続　　　（b）電源側接続

図 1.5　スイッチによる信号

図 1.6　種々の動作レベル

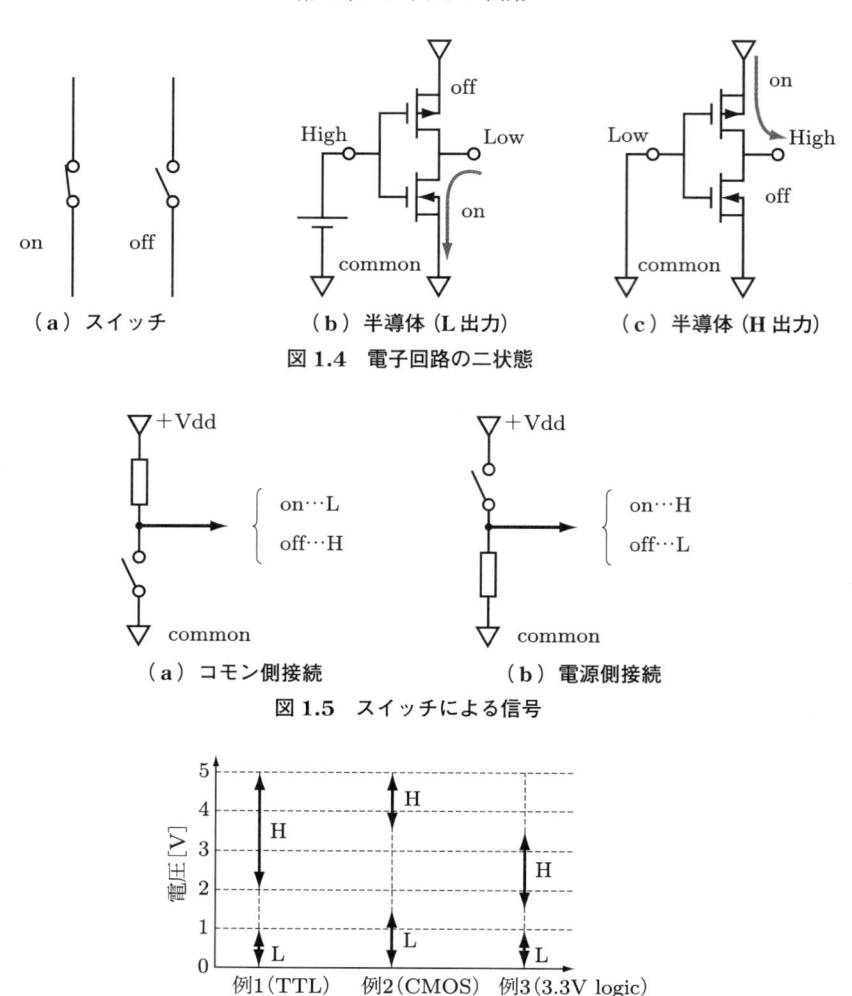

定はない．回路の都合によって決定して良い．なお，図 1.5（a）ではスイッチを on とすれば L であり，off にすれば H であるが，同図（b）ではスイッチを on とすれば H，off とすれば L であるので，on/off と 0/1 の対応関係も同様である．

　電圧の低/高に対する実際の値は，用いる電子回路の種類によって異なっている．たとえば，図 1.6 に示すように，0〜0.8 V の範囲の電圧を L とし，2.0〜5.0 V の範囲の電圧を H とするもの（0.8〜2.0 V の範囲は，素子のばらつき等により回路が H/L のどちらに動作するか不明な領域であるので，規定外とする）や，0〜1.5 V の範囲を L とし，3.5〜5.0 V の範囲を H とするもの（1.5〜3.5 V の範囲は規定外）など

様々なものがある．したがって，回路には種類が異なる回路素子を混用することはできない．混用した場合には，電圧レベルに対するそれぞれの動作の違いによって，回路は誤動作を起こす．

1.4 数値の表現

　数値には正の値と負の値がある．しかし，この正/負とは数学上の概念であるので実際には存在しない．実際に存在するのは大きさ（magnitude，絶対値）だけである．そこで，我々は正/負の数値を表す場合には，正または負であることを示す符号（sign）と大きさとを組み合わせて，＋235，－251などのように表記している．

　ところで，たとえば，－1011という数値をディジタル回路で表すとすると，数のほかに「－」という符号情報のための回路機構も必要になる．そこで，＋は0，－は1というように，正/負の情報を0/1に対応させることにすれば，数以外のための余分な回路を含むことなく，ディジタル回路は2進数の大きさだけが取り扱えればよいものとなる．すなわち，N bit の2進数で数値を表現する場合には，正/負の情報に1 bit を使用し，残りの $(N-1)$ bit で数値の大きさを表せばよい．表1.1に8 bit の自然2進数を絶対値表示法および2の補数表示法の整数値と見たそれぞれの例を示し，以下の項で説明する．正の数値の表示については両者に相違がない．

表 1.1　正/負の整数表現

8 bit の自然2進数	絶対値表示法の意味	2の補数表示法の意味
00000000　（　　0）	＋0000000　（　＋0）	0000000　（　　0）
00000001　（　　1）	＋0000001　（　＋1）	＋0000001　（　＋1）
00000010　（　　2）	＋0000010　（　＋2）	＋0000010　（　＋2）
00000011　（　　3）	＋0000011　（　＋3）	＋0000011　（　＋3）
⋮	⋮	⋮
01111110　（126）	＋1111110　（＋126）	＋1111110　（＋126）
01111111　（127）	＋1111111　（＋127）	＋1111111　（＋127）
10000000　（128）	－0000000　（　－0）	－10000000　（－128）
10000001　（129）	－0000001　（　－1）	－1111111　（－127）
10000010　（130）	－0000010　（　－2）	－1111110　（－126）
⋮	⋮	⋮
11111110　（254）	－1111110　（－126）	－0000010　（　－2）
11111111　（255）	－1111111　（－127）	－0000001　（　－1）

1.4.1　絶対値表示整数

　絶対値表示法は MSB（most significant bit，最上位ビット）により，0 は正，1 は負というように数値の正/負を示し，その残りのビットはその数値の大きさそのものとするものである．たとえば，8 bit 整数では，00010101 は＋10101 を表しており，10010101 は－10101 を表している．なお，表 1.1 に示すように，数値 0 として－0 の表現も存在する．

1.4.2　2 の補数表示整数

　正/負の数値を表現する場合，絶対値表示法は我々が普段用いている表記法とほぼ同様であるので理解しやすいが，次節で後述するように，加減算を機械的に行う場合には 2 の補数表示法が絶対的に有利である．したがって，ディジタル回路では主として 2 の補数表示法を使用する．

　2 の補数（two's compliment）表示整数は，その数値を n とすれば，演算 2^N+n の結果を N bit で表示するものである．

　正の数値の場合（$0 \leq n < 2^{N-1}$）では，

$$2^N + n = 2^N + |n| = |n|$$

となり，2^N の項は N bit を超えているので桁あふれにより自動的に消滅する．また，MSB である 2^{N-1} の位は常に 0 であり，正の値であることを示す符号となっている．したがって，表示は絶対値そのものであり，絶対値表示に等しい．

　負の値の場合（$-2^{N-1} \leq n < 0$）では，

$$2^N + n = 2^N - |n| = 2^{N-1} + \left(2^{N-1} - |n|\right)$$

の演算結果が表示される．MSB である 2^{N-1} の位は常に 1 となり，負の値であることを示す符号となっている．なお，表示が演算「$2^N - |n|$」の結果であるので「2 の補数」の名が付いている．

　2 の補数表示整数は，$N=8$ の場合，00010101 は＋10101 を表し，11101011 は－10101 を表している．

　いま，x が整数値の絶対値（$0 < x \leq 2^{N-1}$）であり，$\bar{x}_N$ が x を N bit で表してその各ビットの 0/1 を反転させたものとすれば，2 の補数には次の関係がある．

$$2^N - x = \bar{x}_N + 1 \tag{1.1}$$

$$2^N - \left(2^N - x\right) = x = \overline{\left(2^N - x\right)}_N + 1 \tag{1.2}$$

したがって，負の整数値の 2 の補数表示を作成するには，式 (1.1) から，その絶対値

を N bit で表現し，各ビットの 0/1 を反転させた数に 1 を加えればよい．また，負の 2 の補数表示整数の絶対値を求めるには，式 (1.2) から，各ビットの 0/1 を反転させた数に 1 を加えればよい．

● **例題 1.1** 2 進数「-1001」を 8 bit の 2 の補数表示せよ．
  解 式 (1.1) より，
  $$\overline{(1001)_8} + 1 = \overline{00001001} + 1 = 11110110 + 1 = 11110111$$

● **例題 1.2** 2 の補数表示数「110011」はどのような値か．
  解 MSB が 1 であるので負の値である．式 (1.2) より，
  $$-\left(\overline{(110011)_6} + 1\right) = -(001100 + 1) = -001101 \quad (=-13)$$

1.5　2 の補数表示整数の加減算

　2 の補数表示されている 2 数の加減算においてはその結果も 2 の補数表示で得られなければならない．その演算の方法はきわめて簡単であり，日常に我々が行っている絶対値表示の演算のように 2 数の正負を意識する必要はない．ここでは整数の場合の演算について，その証明を伴って，詳しく述べる．

1.5.1　加　　算

　2 の補数表示整数 X, Y の加算結果 $Z\,(=X+Y)$ は次の方法で求めることができる．

> X, Y を N bit の無符号整数と見る加算を行い，その結果を Z とすればよい．ただし，N bit を超える桁上げはこれを無視し，常に Z を N bit とする．

〈証　明〉
　X は N bit の被加数，Y は N bit の加数である．
　(1) $X \geq 0, Y \geq 0$ のとき
$$X = |X|, \quad Y = |Y|$$
であるので，2 数を無符号整数と見る加算は
$$X + Y = |X| + |Y| = |Z| = Z \tag{1.3}$$
となり，正しい和が得られている．ただし，$|X|+|Y| > 2^{N-1}-1$ となる場合には結果は

正しくない．この状態をオーバーフローエラー（overflow error）という．
　（2）$X \geq 0, Y < 0$ のとき

$$X = |X|, \quad Y = 2^N - |Y|$$

である．さらに，
　（ⅰ）$|X| \geq |Y|$ のとき

$$X + Y = |X| + (2^N - |Y|) = |X| - |Y| + 2^N \tag{1.4}$$

ここで，$+2^N$ は N bit を超える桁上げとなるので，これを無視する．よって，

$$X + Y = \cdots = |X| - |Y| = |Z| = Z \tag{1.5}$$

となり，正しい和（$Z \geq 0$）が得られている．
　（ⅱ）$|X| < |Y|$ のとき

$$X + Y = |X| + (2^N - |Y|) = 2^N - (|Y| - |X|) = 2^N - |Z| = Z \tag{1.6}$$

となり，正しい和（$Z < 0$）が 2 の補数表示で得られている．
　（3）$X < 0, Y \geq 0$ のとき

$$X = 2^N - |X|, \quad Y = |X|$$

である．さらに，
　（ⅰ）$|X| > |Y|$ のとき

$$X + Y = (2^N - |X|) + |Y| = 2^N - (|X| - |Y|) = 2^N - |Z| = Z \tag{1.7}$$

となり，正しい和（$Z < 0$）が 2 の補数表示で得られている．
　（ⅱ）$|X| \leq |Y|$ のとき

$$X + Y = (2^N - |X|) + |Y| = |Y| - |X| + 2^N \tag{1.8}$$

ここで，$+2^N$ は N bit を超える桁上げとなるので，これを無視する．よって，

$$X + Y = \cdots = |Y| - |X| = |Z| = Z \tag{1.9}$$

となり，正しい和（$Z \geq 0$）が得られている．
　（4）$X < 0, Y < 0$ のとき

$$X = 2^N - |X|, \quad Y = 2^N - |X|$$

である．

$$X+Y = (2^N - |X|) + (2^N - |Y|) = (2^N - (|X|+|Y|)) + 2^N \tag{1.10}$$

ここで，$+2^N$ は N bit を超える桁上げとなるので，これを無視する．よって，

$$X+Y = \cdots = 2^N - (|X|+|Y|) = 2^N - |Z| = Z \tag{1.11}$$

となり，正しい和（$Z<0$）が2の補数表示で得られている．ただし，$|X|+|Y|>2^{N-1}$ となる場合はオーバーフローエラーとなる．

1.5.2 減算

2の補数表示整数 X, Y の減算結果 $Z\,(=X-Y)$ は次の方法で求めることができる．

> X, Y を N bit の無符号整数と見る減算を行い，その結果を Z とすればよい．ただし，N bit を超える借りはこれを無視し，常に Z を N bit とする．

（この証明は演習問題とした．）

例題 1.3 次の 8 bit の 2 の補数表示整数の演算を行え．
 (1) 00111011 + 11001010　　(2) 10111011 + 11001010
 (3) 00111011 − 11001010　　(4) 10101010 − 01000011

解

(1)
```
    00111011
+)  11001010
   ─────────
   100000101   （無視）
```

(2)
```
    10111011
+)  11001010
   ─────────
   110000101   （無視）
```

(3)
```
   100111011
-)   11001010
   ─────────
    01110001   （借り → 無視）
```

(4)
```
    10101010
-)  01000011
   ─────────
    01100111
```

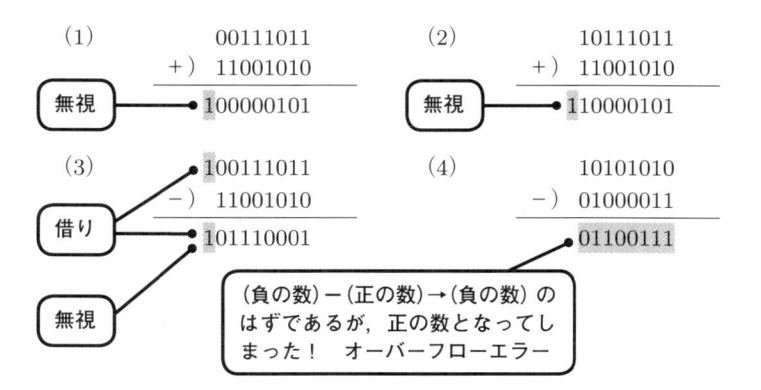

(負の数) − (正の数) → (負の数) のはずであるが，正の数となってしまった！　オーバーフローエラー

1.6 論理回路

2進数の演算を行う電子回路については，どのような演算回路が必要か，その演算回路は適切に動作するか，等々，理論的な検証が必要である．そこで，二値を取り扱

う数学に論理代数がある．この論理代数に則して動作する電子回路が論理回路である．ディジタル回路は論理代数を基にして論理回路で構成されている．

1.6.1　論理代数

ある事象（event）の値（状態）を「真（true）」と「偽（false）」との二値のみとし，単数または複数の事象が作る関係において，個々の事象の値とその組み合わせによる総合的事象の値とを取り扱う代数を論理代数（logical algebra）またはブール代数（Boolean algebra）という．

事象 X と事象 Y が存在するとき，次の三つの演算が論理代数の基本演算である．

　　否　定：X でないという事象を表す演算
　　論理和：X または Y であるという事象を表す演算
　　論理積：X かつ Y であるという事象を表す演算

否定演算は，X が「真」のときには「偽」となり，X が「偽」のときには「真」となる反対の事象を表す演算である．これは not とも呼ばれ，論理式では not X あるいは $\bar{X}$ と記述される．物理的例を示せば，図 1.7 のように，双倒スイッチにおいて，極 a のもう一方の極 b の状況を表すものである．

論理和演算は，X, Y のうちの一方または双方が「真」であるときには「真」となり，それ以外のときには「偽」となる事象を表す演算である．この演算は or とも呼ばれ，論理式では X or Y あるいは $X + Y$ と記述される．物理的例を示せば，図 1.8 のように，2 個の単独スイッチを並列にした総合スイッチ回路を表しており，この総合スイッチ回路は，いずれか一方または双方のスイッチが on であれば on となる．

論理積演算は，X, Y の双方が「真」のときだけ「真」となり，それ以外のときには「偽」となる事象を表す演算である．この演算は and とも呼ばれ，論理式では X and Y あるいは $X \cdot Y$ と記述される．物理的例を示せば，図 1.9 のように 2 個の単独スイッチを直列にした総合スイッチ回路を表しており，この総合スイッチ回路は双方のスイッチが on のときだけ on となる．

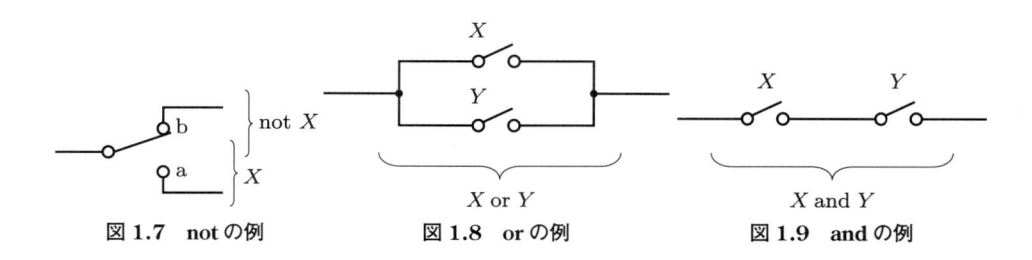

図 1.7　not の例　　　図 1.8　or の例　　　図 1.9　and の例

1.6 論理回路

表 1.2 基本論理演算の真理値表

(a) not

X	not X
F	T
T	F

(b) or

X	Y	X or Y
F	F	F
F	T	T
T	F	T
T	T	T

(a) and

X	Y	X and Y
F	F	F
F	T	F
T	F	F
T	T	T

　事象は二値であるので，二つの変数，X, Y がとり得る値のすべての組み合わせは 4 とおりである．したがって，否定，論理和や論理積は表 1.2 に示す一覧表でも表される．このように，変数がとり得るすべての値の組み合わせに対する演算の結果を一覧表としたものを真理値表（truth table）とよぶ．ここに，記号 T は値「真」を，記号 F は値「偽」を表している．

　次に，論理演算におけるいくつかの有用な公式を示す．この公式は論理式の簡約や展開に用いられる．

$$X + X = X \tag{1.12}$$

$$X + \bar{X} = \mathrm{T} \tag{1.13}$$

$$\mathrm{T} + X = \mathrm{T} \tag{1.14}$$

$$\mathrm{F} + X = X \tag{1.15}$$

$$X \cdot X = X \tag{1.16}$$

$$X \cdot \bar{X} = \mathrm{F} \tag{1.17}$$

$$\mathrm{T} \cdot X = X \tag{1.18}$$

$$\mathrm{F} \cdot X = \mathrm{F} \tag{1.19}$$

$$(X \cdot Y) + (X \cdot Z) = X \cdot (Y + Z) \tag{1.20}$$

$$(X + Y) \cdot (X + Z) = X + (Y \cdot Z) \tag{1.21}$$

$$\bar{X} + \bar{Y} = \overline{X \cdot Y} \tag{1.22}$$

$$\bar{X} \cdot \bar{Y} = \overline{X + Y} \tag{1.23}$$

　式 (1.22) および式 (1.23) はド・モルガン則（de Morgan's law）と呼ばれている．

例題 1.4 次の論理式を簡約せよ．
(1) $X \cdot Y + \bar{X} \cdot Y + \bar{X} \cdot \bar{Y}$
(2) $X \cdot Y \cdot \bar{Z} + \bar{X} \cdot Y \cdot \bar{Z} + X \cdot Y \cdot Z + \bar{X} \cdot Y \cdot Z + X \cdot \bar{Y} \cdot Z$

解 (1) $X \cdot Y + \bar{X} \cdot Y + \bar{X} \cdot \bar{Y}$
$= X \cdot Y + \bar{X} \cdot Y + \bar{X} \cdot Y + \bar{X} \cdot \bar{Y}$
$= (X + \bar{X}) \cdot Y + \bar{X} \cdot (Y + \bar{Y})$
$= \mathrm{T} \cdot Y + \bar{X} \cdot \mathrm{T} = Y + \bar{X}$

(2) $X \cdot Y \cdot \bar{Z} + \bar{X} \cdot Y \cdot \bar{Z} + X \cdot Y \cdot Z + \bar{X} \cdot Y \cdot Z + X \cdot \bar{Y} \cdot Z$
$= X \cdot Y \cdot \bar{Z} + \bar{X} \cdot Y \cdot \bar{Z} + X \cdot Y \cdot Z + \bar{X} \cdot Y \cdot Z + X \cdot Y \cdot Z + X \cdot \bar{Y} \cdot Z$
$= (X + \bar{X}) \cdot Y \cdot \bar{Z} + (X + \bar{X}) \cdot Y \cdot Z + X \cdot Z \cdot (Y + \bar{Y})$
$= Y \cdot \bar{Z} + Y \cdot Z + X \cdot Z$
$= Y \cdot (\bar{Z} + Z) + X \cdot Z = Y + X \cdot Z$

例題 1.5 式 (1.22) を証明せよ．
解 表 1.3 の真理値表で示す．

表 1.3 論理式 $\bar{X} + \bar{Y} = \overline{X \cdot Y}$ の真理値表

X	Y	$\bar{X}$	$\bar{Y}$	$\bar{X}+\bar{Y}$	$X \cdot Y$	$\overline{X \cdot Y}$
T	T	F	F	F	T	F
F	T	T	F	T	F	T
T	F	F	T	T	F	T
F	F	T	T	T	F	T

1.6.2 not 回路

not 回路は，表 1.4 (a) のとおり，H/L の入力に対してその出力が逆に L/H となるディジタル電子回路である．いま，入出力の状態 H/L を論理値 T (真)/F (偽) に対応させると否定を演算する回路となる．図 1.10 に示すように，回路図記号としては○であるが，単独では用いることはなく，バッファ (buffer，緩衝増幅器) を表す ▷

表 1.4 基本論理回路の動作表

(a) not 回路

X	出力
L	H
H	L

(b) or 回路

X	Y	出力
L	L	L
L	H	H
H	L	H
H	H	H

(c) and 回路

X	Y	出力
L	L	L
L	H	L
H	L	L
H	H	H

1.6 論理回路

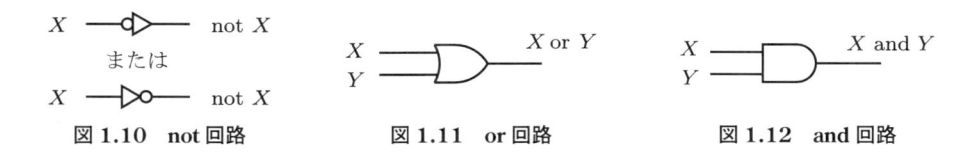

図 1.10 not 回路

図 1.11 or 回路

図 1.12 and 回路

記号などと組み合わせて用いる．

1.6.3 or 回路

ディジタル回路において，各入力の H/L の組み合わせに対して表 1.4 (b) のとおりに出力する回路を or 回路とよぶ．いま，入出力の状態 H を論理値 T に，L を F に対応させると論理和を演算する回路となるのでこの名がある．図 1.11 に回路図記号を示す．

なお，or 回路の状態 H/L と論理変数の値 T/F の対応関係を，逆に，状態 L を論理値 T に，H を F に対応させると，その動作は論理積を演算する回路となる．したがって，この場合は or 回路ではなく，and 回路と呼ぶ．

1.6.4 and 回路

ディジタル回路において，各入力の H/L の組み合わせに対して表 1.4 (c) のとおりに出力する回路を and 回路とよぶ．いま，入出力の状態 H を論理値 T に，L を F に対応させると論理積を演算する回路となるのでこの名がある．図 1.12 に回路図記号を示す．

なお，and 回路の状態 H/L と論理変数の値 T/F の対応関係を，逆に，状態 L を論理値 T に，H を F に対応させると，その動作は論理和を演算する回路となる．したがって，この場合は and 回路ではなく，or 回路と呼ぶ．

1.6.5 xor 回路

論理代数は否定，論理和および論理積の 3 種によってすべての論理演算を表すことができる．実際の論理演算の中に，排他的論理和（exclusive or）と呼ばれる演算

$$(\bar{X} \cdot Y) + (X \cdot \bar{Y}) = \mathrm{xor}(X, Y) \tag{1.24}$$

が頻度高く出現する．そこで，式の単純化のために，この演算（関数）も基本論理演算「X xor Y」として広く用いられている．この排他的論理和演算回路は xor 回路と呼ばれている．表 1.5 に動作の真理値表を示す．また，図 1.13 に回路図記号を示す．

第1章 ディジタル回路

表 1.5 xor の動作表

X	Y	X xor Y
L	L	L
L	H	H
H	L	H
H	H	L

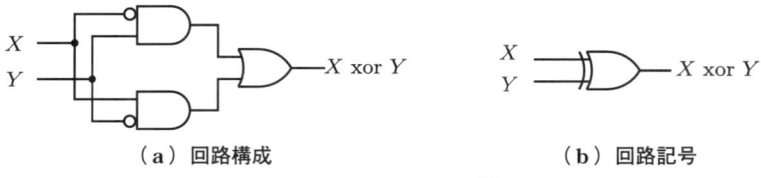

（a）回路構成　　　　　　　　　　（b）回路記号

図 1.13 xor 回路

1.7 論理回路とディジタル回路

　論理回路の値は T/F の二値であり，ディジタル回路の値は 1/0 の二値である．そこで，T を 1 に，F を 0 に対応させれば，ディジタル回路を論理回路で構成することができる．次に，2 進数 1 桁の加算器を論理回路で構成する例を示す．

　加算の基本は 1 bit の数の加算であり，0+0，0+1，1+0，1+1 の 4 とおりを考えればよい．これをまとめると表 1.6 のとおりである．加算結果は，上位桁への桁上げ（carry）を伴って，2 bit となる．この加算器は半加算器（half adder）と呼ばれる．半加算器の論理式は，被加数を論理変数 X，加数を論理変数 Y，上位への桁上げを論理変数 C，その桁の和を論理変数 S に対応させ，表 1.2 および表 1.5 を参照すれば，明らかに，C および S は次式で表される．

$$\begin{aligned} C &= X \cdot Y \\ S &= X \text{ xor } Y \end{aligned} \quad (1.25)$$

　ところで，多桁の 2 進数の加算においては，LSB（least significant bit，最下位ビット）を除き，その桁の下位からの桁上げも同時に加算しなければならない．この下位

表 1.6 半加算器の真理値表

X	Y	X+Y=C, S
0	0	00
0	1	01
1	0	01
1	1	10

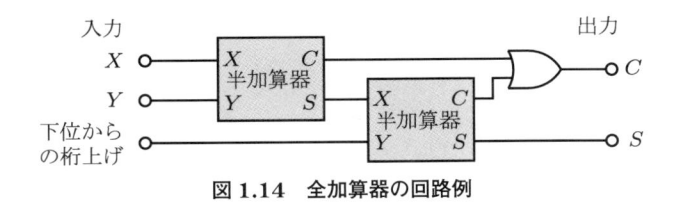

図 1.14 全加算器の回路例

からの桁上げも同時に処理するような，3 変数の加算器は全加算（full adder）と呼ばれる．全加算器の回路例を図 1.14 に示す．この回路は，半加算器を 2 個使用して，X と Y との和に下位からの桁上げをさらに加算する構成である．

演習問題 1

1.1 次の 2 進数を 8 bit の 2 の補数表示せよ．
  (1) 110011   (2) −110011

1.2 本文 1.5.2 の 2 の補数表示数の減算法の証明を行え．

1.3 次の 8 bit の 2 の補数表示数の演算を行え．
  (1) 01010100 + 00100001   (2) 01010100 + 11011111
  (3) 10101100 + 00100001   (4) 10101100 + 11011111
  (5) 01010100 − 00100001   (6) 01010100 − 11011111
  (7) 10101100 − 00100001   (8) 10101100 − 11011111

1.4 全加算器の真理値表を作成せよ．

第2章 ディジタル回路の生成

我々の周辺には電子回路を利用した数多くの製品がある．新しく電子回路を開発するということは，従来のものより小型で格好が良いものを作るということではなく，従来のものよりも進んだ機能を有しているものを作ることである．電子回路要素（素子）は単純な機能しか有していない．したがって，より進んだ機能を有する電子回路の設計は，より複雑に，より多量に電子回路要素を組み合わせなければならない．特にディジタル電子回路の場合には，要素の組み合わせについては際限がない．

現在，利用されているディジタル電子回路は，回路要素の個々の組み合わせを人手によって扱うには不可能なほど大規模である．すなわち，「要求する機能（仕様）をコンピュータに入力すれば，自動的に，相当するディジタル電子回路が作り出される」という理想に近いような設計を行わなければならない．ここでは，この自動的にディジタル電子回路を作り出すこと（回路の自動生成）に関することを述べる．

2.1 小規模回路

ディジタル回路の動作が，0/1を論理値F/Tに対応させて，論理式で与えられている場合には，and, or, not の論理演算に対応する論理回路要素をいくつか組み合わせることにより，直ちに，その回路を得ることができる．

また，ディジタル回路の動作が，0/1を論理値F/Tに対応させて，真理値表によって与えられている場合には，まず，その真理値表と等価な論理式を導出する．そして，導出した論理式に対応するディジタル回路を実現すればよい．真理値表と等価な論理式の導出は次のように行う．

N個の入力を$x_i(i=1\cdots N)$とする真理値表において，$x_i=0$の場合は$x_i'=\bar{x}_i$とし，$x_i=1$の場合は$x_i'=x_i$としたすべての入力の組み合わせで構成する論理積項$x_1'\cdot x_2'\cdots\cdot x_N'$を考える．次に，真理値表の出力が「1」である入力の組み合わせに対応する論理積項のみを選べば，その論理積項すべての論理和が真理値表の出力fを与える論理式となる（例題2.1参照）．

2.1 小規模回路

例題 2.1 表 2.1 に示す真理値表のとおりに動作するディジタル回路を求めよ.

表 2.1 真理値表

入力			出力
a	b	c	f
0	0	0	0
0	0	1	0
0	1	0	1 ← $\bar{a}\cdot b\cdot\bar{c}$
0	1	1	0
1	0	0	0
1	0	1	0
1	1	0	1 ← $a\cdot b\cdot\bar{c}$
1	1	1	1 ← $a\cdot b\cdot c$

解 真理値表と等価な論理式を導出する. 真理値表において, 出力 f が「1」となっている各項について注目する. まず, 入力「010」については $a=0$, $b=1$, $c=0$, すなわち, 論理式

$$\bar{a}\cdot b\cdot\bar{c}=1 \tag{2.1}$$

が成立する場合である. 続いて, 入力「110」については

$$a\cdot b\cdot\bar{c}=1 \tag{2.2}$$

の場合であり, さらに, 入力「111」については

$$a\cdot b\cdot c=1 \tag{2.3}$$

の場合である. 以上の論理積項のすべての論理和が出力を与えるので, 論理式

$$f=(\bar{a}\cdot b\cdot\bar{c})+(a\cdot b\cdot\bar{c})+(a\cdot b\cdot c) \tag{2.4}$$

が求められる.

式 (2.4) を論理回路で構成すれば, 図 2.1 のとおりのディジタル回路が得られる.

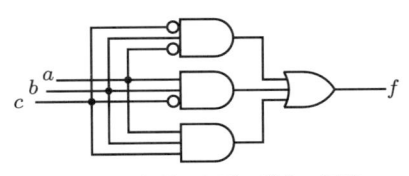

図 2.1 実現したディジタル回路

2.2 大規模回路

前節の実現法では，ディジタル回路規模が大きくなると，扱う論理回路要素が多量となり，経済的な方法ではなくなる．そこで，コンピュータに使用する PROM（programmable read only memory；使用者が書込む読み出し専用メモリ）を用いることにより，経済的でコンパクトな回路が生成できる．

PROM は個々のアドレスに対してその出力値を任意に設定することができるものである．そこで，アドレス個々を真理値表の入力の組み合わせに対応させ，PROM データを真理値表の出力値に一致させれば，図 2.2 に示すように，コンパクトで，プログラム可能なディジタル回路とすることができる．たとえば，容量 1M バイト，語長 8 bit の PROM を使用した場合，アドレス入力は 10 bit，データ出力は 8 bit であるので，入力信号が 10 本，出力信号が 8 本の規模のディジタル回路となる．ここに，信号 OE（output enable）は出力を活性化させるためのメモリ特有の制御信号である．また，PROM を複数個使用することにより入力信号や出力信号の本数を増加できる．

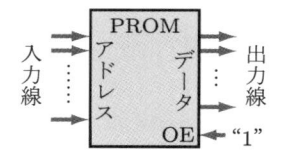

図 2.2 PROM を用いた論理回路

2.3 順序回路

順序回路（sequential circuit）とは，「状態（state）」と呼ばれる変数を記憶する回路を有し，図 2.3 に示すように，現在の状態（現在の記憶値）と入力との組み合わせから次の状態（次の記憶値）が決定されるディジタル回路をいう．出力は記憶されている状態値と入力との組み合わせで決定される．順序回路には記憶書き込みタイミン

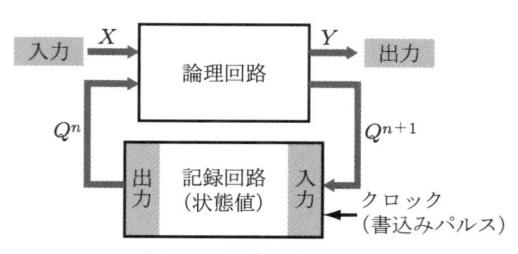

図 2.3 順序回路の構成

（図中：入力 X，出力 Y，論理回路，Q^n，Q^{n+1}，記録回路（状態値），クロック（書込みパルス））

2.3 順序回路

グを示すクロック（clock）信号が必須である．

順序回路の例を示す．ディジタル時計は，現在の時刻を保持している記憶回路をもっており，1秒毎に現在の時刻に1（秒）を加えて新しく現在の時刻とするものである．その記憶内容を表示（出力）している．なお，必要に応じて時刻の修正を手動で行うために，（入力）スイッチが付属している．

順序回路の数学的表現は次のとおりである．l 個の入力の組を $X\,(=(x_1, x_2, \cdots, x_l))$，現在の状態値を Q^n，次の状態値を Q^{n+1}，p 個の出力の組を $Y\,(=(y_1, y_2, \cdots, y_p))$，$m$ 個の論理関数の組を $F\,(=(f_1, f_2, \cdots, f_m))$ および p 個の論理関数の組を $G\,(=(g_1, g_2, \cdots, g_p))$ とすれば，これらの関係は次のように表される．

$$Q^{n+1} = F(X, Q^n) \tag{2.5}$$

$$Y = G(X, Q^n) \tag{2.6}$$

すなわち，Q^{n+1} と Y はそれぞれ X と Q^n を入力の組とする m 個と p 個の論理関数で決定されるものである．また，m は状態値 Q の bit 数に対応する．

論理関数 F および G については，X と $Q^n\,(=(q_1, q_2, \cdots, q_m)^n)$ とを入力，$Q^{n+1}\,(=(q_1, q_2, \cdots, q_m)^{n+1})$ と Y とを出力とし，組をビットの並びとする真理値表を作成すれば，2.1 節または 2.2 節に述べた方法で，それぞれの論理式を得ることができる．

● **例題 2.2** クロック信号に従って，$\cdots \to 00 \to 01 \to 10 \to 00 \to 01 \to \cdots$ と状態を変える順序回路を求めよ．

解 この場合は入力が不要であるので，状態を Q とすれば，動作の真理値表は表 2.2 のようになる．Q^{n+1} が 1 になる Q^n の論理積項を選べば，

表 2.2 動作の真理値表

Q^n		Q^{n+1}	
q_1	q_0	q_1	q_0
0	0	0	1
0	1	1	0
1	0	0	0

$q_0^{n+1} = \left(\overline{q_1} \cdot \overline{q_0}\right)^n$

$q_1^{n+1} = \left(\overline{q_1} \cdot q_0\right)^n$

論理式

$$\begin{aligned} q_1^{n+1} &= \left(\overline{q_1} \cdot q_0\right)^n \\ q_0^{n+1} &= \left(\overline{q_1} \cdot \overline{q_0}\right)^n \end{aligned} \tag{2.7}$$

が求められる．この論理式に対応するディジタル回路は図 2.4 のとおりとなる．

図 2.4　ディジタル回路

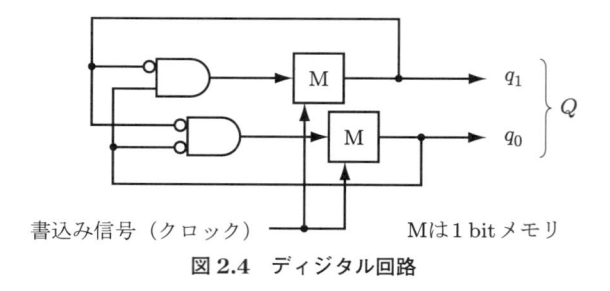

2.4　ハードウェア記述言語

　現在，要求されるディジタル電子回路の規模（演算素子数）は大きくなっているので，個々のディジタル演算素子を結合して要求される機能を実現するような設計では間に合わない．たとえば，図 2.5 (a) のように，全加算器を 16 個連結した回路を取り扱うよりも，同図 (b) のように 16 bit の二数の加算回路という 1 個のブロックを取り扱うことの方が手っ取り早いことはいうまでもない．また，その加算回路中の加算器の実現に際し，最適化された回路が自動的に生成されれば，細かな電子回路についての設計の熟練は不要となり，容易に大規模なディジタル電子回路の設計を行うことが可能となる．

　そのような主旨の基に，ディジタル電子回路の動作や内容を正確な文として記述する自動言語（HDL，hardware description language）が開発されると同時に，HDL

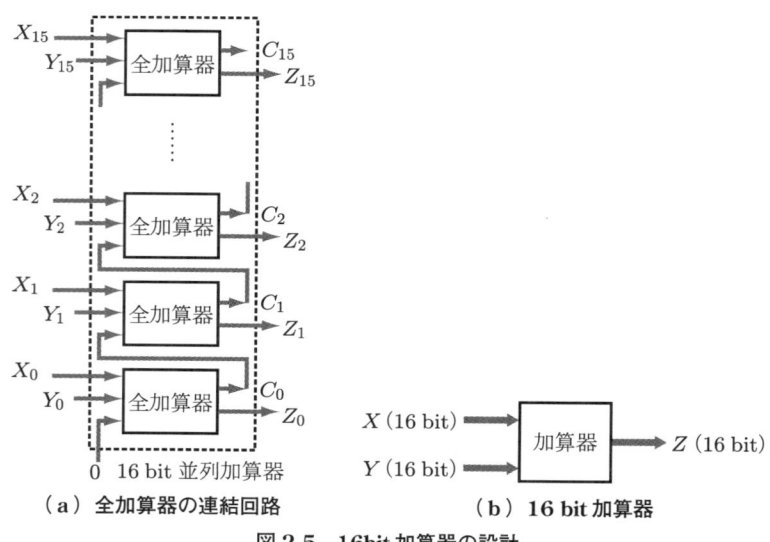

（a）全加算器の連結回路　　　（b）16 bit 加算器

図 2.5　16bit 加算器の設計

記述されたものを実際の半導体回路として自動的に生成（synthesize）する技術が開発されてきた．

現在使用されている HDL は VHDL や Verilog HDL などがある．本書で取り上げた VHDL は，初めに，米国国防省の VHSIC（Very High Speed Integrated Circuit）委員会で提唱され，1987 年に IEEE（Institute of Electronic and Electric Engineers，米国電子電気技術者協会）で承認されたものである．その後，VHDL 記述から半導体回路を生成するソフトウェアが半導体企業等から供給されるようになり，現在，世界の標準 HDL として広く使用されている．

2.5　HDL によるディジタル電子回路設計

ディジタル電子回路の動作や内容を HDL で記述して，実際のディジタル電子回路を実現するまでの大まかな過程を図 2.6 に示す．その第 1 過程は HDL 記述が文法的に正しく，また，論理的に回路を実現可能か否かが検査される．誤りがなければ，その HDL 記述は論理的な回路ブロックの接続集合を表現した中間データに変換される．第 2 以後の過程はこの中間データを基に，半導体回路を実際に製造するために必要なデータを作成するものである．この第 2 以後の過程の処理内容はディジタル電子回路の製造法によって異なってくる．

ディジタル電子回路を大量に生産する場合は，最終的に，ASIC（application specific integrated circuit）と呼ばれる IC の製造時に使用するマスクのパターンを決定するデータが出力される．ASIC には最初から IC 回路を設計するフルカスタム型，および，標準的に多数用意された（設計済みの）回路ブロック間の配線接続を設計するようなセミカスタム型がある．前者に比し，後者は未使用の回路ブロックを多く含むことになるので実現できる回路規模は劣るが，回路の開発期間は短くなるので経済性に富んでいる．

ディジタル回路を少量生産する場合には，PLD（programmable logic device）と呼ばれ，その IC の機能を柔軟に設定することができるディジタル IC を用いる．こ

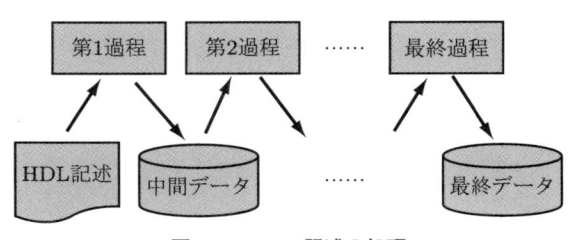

図 2.6　HDL 記述の処理

の場合のディジタル回路設計とは，PLD が要求どおりに機能するように PLD の内部回路を設定することになる．したがって，PLD を用いたディジタル回路の設計における HDL 記述の処理とは，先に述べた第 2 以後の過程で，PLD の機能を設定するデータを作成し，PLD 内部に格納し，ディジタル回路を生成することになる．

2.6 PLD

2.6.1 PLD の内部機構

　PLD は，多数のプログラム可能な基本ブロックが用意されており，個々の基本ブロックの機能をプログラムし，入出力線や各基本ブロック相互を電子スイッチで接続し，目的に合致した機能を果たすようにできる IC である．

　基本ブロックは，2.2 節で述べたように，プログラム可能なディジタル回路として内容の書き換えができる EPROM (erasable and programmable ROM) を有し，さらに，必要に応じて，電子スイッチで，記憶回路が接続できるようになっており，順序回路も構成できる．一般的 PLD では，基本ブロックの入出力は数 bit～十数 bit で構成されている．

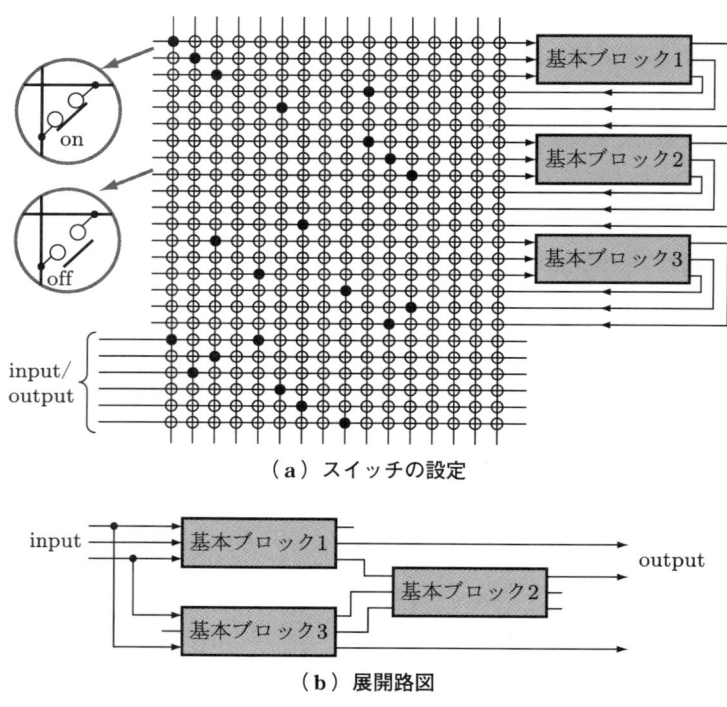

（a）スイッチの設定

（b）展開路図

図 2.7　マトリックススイッチによる配線概要図

図 2.7 に基本ブロック相互を自由に接続する原理を示す．マトリクススイッチは縦配線と横配線の各交点に電子スイッチが設けられている．1 本の横配線は 1 本の縦配線を介して他の 1 本または複数の横配線に接続可能であるので，個々の電子スイッチの on/off を適当に定めれば，種々の機能をもつ基本ブロックを多数組み合わせた複雑なディジタル回路が構成できる．図の展開回路はマトリクススイッチによる配線状況を示したものである．この各電子スイッチの on/off を規定するデータは配線データメモリから与えられる．

2.6.2 CPLD と FPGA

PLD の基本ブロックの機能を決めるメモリと配線を決めるスイッチ用メモリとを総称して回路生成データメモリとよぶ．回路生成データメモリを EEPROM (electrically EPROM，電気的に消去できる書き込み可能な ROM) とした形式の PLD は回路生成データの再書き込みが可能であり，また，一度書き込んだ回路生成データは電源の供給が無くなっても消えることがないので，書き込み後の PLD は単体でディジタル回路となっている．この形式の PLD はその回路規模が数百〜数千ゲートのものが多く製造されており，一般に，CPLD (complex PLD) と呼ばれている．

回路生成データメモリを SRAM (static random access memory) とした形式の PLD は，IC 製造上，EEPROM に比し，メモリ容量を大きくすることができるので，CPLD よりも大規模な回路 (1 万〜数十万ゲート) の PLD が製造され，一般に，FPGA (field programmable gate array) と呼ばれている．SRAM は，その特徴として，電源の供給が無くなるとその記憶データは失われる．したがって，FPGA を単体では用いることができず，FPGA の回路生成データを予め書き込んでおいた ROM を併設し，電源供給開始時に回路生成データを自動的に ROM から FPGA へ転送するような初期化回路が必要である．

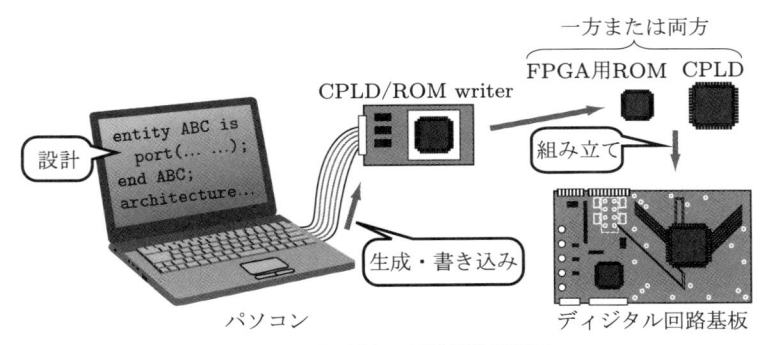

図 2.8　ディジタル回路製作概要図

第 2 章 ディジタル回路の生成

図 2.8 はディジタル回路を少量だけ生産することの概要である．VHDL で回路を記述し，回路生成ソフトウェアにより VHDL 記述を回路生成データに変換し，その回路生成データを CPLD または FPGA 用 ROM に書き込み，その CPLD または ROM をディジタル回路ボードに装着するという工程を示している．ただし，同図には，試作，試験，検査などの重要かつ必須な工程は省略されている．

演習問題 2

2.1 次の論理式で与えられるディジタル回路を描け．

$$C = X \cdot Y$$
$$S = (X + Y) \cdot \bar{C}$$

2.2 表 2.3 に示す真理値表で機能が与えられるディジタル回路に対応する論理式を求めよ．

表 2.3 真理値表

入力			出力	
X	Y	Z	C	S
0	0	0	0	0
0	0	1	0	1
0	1	0	0	1
0	1	1	1	0
1	0	0	0	1
1	0	1	1	0
1	1	0	1	0
1	1	1	1	1

2.3 ⋯→ 0 → 1 → 0 → 1 →⋯と状態を繰り返す順序回路を求め，その回路を描け．

第3章 論理回路とVHDL記述

　この章からVHDL記述のディジタル回路を取扱う．はじめに，簡単なディジタル回路である半加算器について，その論理回路図とそのVHDL記述との対比を行い，VHDL記述の書き方について述べる．ここに述べるVHDL記述に関することは，以後の章のVHDL記述の基本となっているので，よく理解してほしい．さらに，VHDL記述はコンピュータ（上で動いているVHDL処理系）に対する指示でもあるので，VHDL記述の1字1句を誤りなく書くように注意することが必要である．

3.1　VHDL記述

　ディジタル回路をVHDLで記述した例として図3.1に示す半加算器回路を取り上げる．(a)はその外形を示したブロック図，(b)はその論理回路図である．この回路をVHDLで記述した例をリスト3.1に示す．

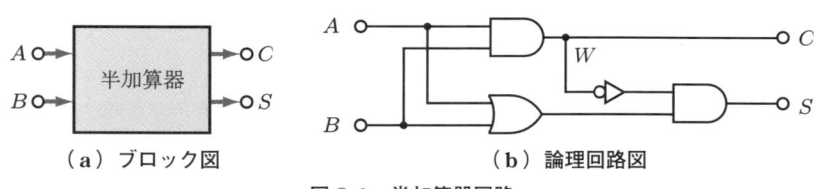

（a）ブロック図　　　　　　　　　（b）論理回路図
図3.1　半加算器回路

　VHDL記述はlibrary部，entity部，および，architecture部の3部から構成されている．
　library部はVHDL記述の処理をするプログラムに対して，処理の補助となる記述がなされているファイルを示した文や，データの型や関数などの定義を記述する部分である．特にlibrary文とuse文は，VHDLの基本要素だけでは記述が複雑になるので，我々の記述が容易なように，基本から拡張された定義を組み込むことを示している．ここでは，IEEEで標準化されたデータの型std_logicを用いることを示している．

リスト 3.1 半加算器回路の VHDL 記述例

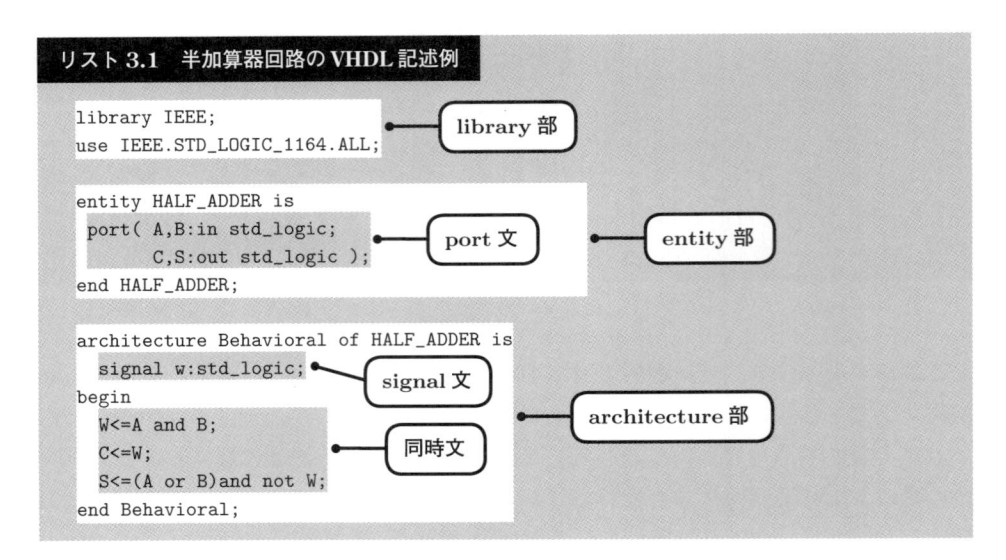

```
library IEEE;                              ← library 部
use IEEE.STD_LOGIC_1164.ALL;

entity HALF_ADDER is
port( A,B:in std_logic;                    ← port 文   ← entity 部
      C,S:out std_logic );
end HALF_ADDER;

architecture Behavioral of HALF_ADDER is
    signal w:std_logic;                    ← signal 文
begin                                                    ← architecture 部
    W<=A and B;
    C<=W;                                  ← 同時文
    S<=(A or B)and not W;
end Behavioral;
```

一般の VHDL 処理システムにおいては library 文と use 文は必須であり，また，定形であるので，VHDL 文入力用プログラム（VHDL editor）ではこの記述文が自動的に挿入される．

entity 部は回路の外形を記述した部分である．図 3.1 (a) と比較すれば，HALF_ADDER という回路ブロックは，入力信号 A, B, 出力信号 C, S を有していることがわかる．

architecture 部は回路の機構（内容）を記述したものであり，図 3.1 (b) と比較すれば，and 回路，or 回路，および，not 回路を組み合わせて描いた回路図に替えて，入力信号と出力信号との関係が論理式で表現されていることがわかる．

3.2　entity 部

■■■　entity 部

VHDL 記述したディジタル回路の一つのブロックを示している entity 部は次のように記述する．

```
entity  entity 名  is
   generic 節
   port 文
end entity  entity 名 ;
```

ここに，entity 名は回路ブロックに付ける名前である．generic 節（本書では省略）は必要に応じて記述する．port 文は回路ブロックの入出力ポート（input / output port）を記述した文であり，このブロックと他とのインターフェース（interface）を示している．最後は「end entity entity 名；」で終わる．なお，最後の entity と entity 名は省略してもよい．慣習的には「end entity 名；」と記述することが広く行われている．

■■■ **名前の付け方**

表 3.1 のように名前は他の名前や予約語と重複しないような，英字で始め，英字または数字を連ねた文字数が 1 以上の文字列とする．なお，文字列の途中に記号「_」（アンダーバー）を何回か挿入することができる．ただし，記号「_」が連続してはいけない．

表 3.1　名前の付け方

名前の例	名前の誤記例
A	A-1（減算式と解釈される）
A12	B_　（「_」で終わっている）
A_12	_C　（「_」で始まっている）
HALF_ADDER	

VHDL 規則には大文字と小文字の区別はないので，自由に両者を混用してもよい．しかし，慣習的に，名前を大文字で書き，その他を小文字で書くことが広く行われている．

■■■ **port 文**

port 文は回路のインターフェースを記述する文で次のように記述する．

```
port( port 名：方向　データの型
    {; port 名：方向　データの型}  );
```

ここで，記法 {・・・} は記述・・・を必要回数だけ繰り返すことを表している．なお，「port 名：方向　データの型」を複数記述する場合には，記号「；」で区切って並べるという意味もあるので，最後の記号「）」の前には記号「；」を書いてはいけない．

port 名はインターフェース信号に付ける名前である．「方向」は信号の伝達方向を表すもので，表 3.2 のように記述する．

表 3.2　port 名

記　号	方　向
in	入　力
out	出　力
inout	双方向

＊その他 buffer, linkage があるが略

データの型は 1 bit の標準的論理信号の場合は次のように記述する（多 bit の場合など，データの型の詳細については 4.2 節に後述）．

```
std_logic
```

3.3　architecture 部

■■■　architecture 部

architecture 部は次のように記述する．

```
architecture  architecture名  of  entity名  is
    宣言文
begin
    同時文
end architecture  architecture名 ;
```

architecture 名はここの記述に付ける名前である．この名前は英語の名詞句「A of X」の A に対応する形式上の名前であるので，自由に付けてもよいが，記述内容の性格を表すような英単語綴りが広く用いられている．すなわち，BEHAVIOR（behavioral level の意），DATAFLOW（data flow level の意），RTL（register transfer level の意）などである．本書では記述内容にこだわることなく，すべて，Behavioral と記述している．

最後は「end architecture architecture名；」で終わる．最後の architecture および architecture 名は省略してもよいが，慣習として「end architecture名；」と記述することが広く行われている．

宣言文としては，signal 文や関数などのいくつかの定義文を必要に応じて記述する．

■■■　signal 文

内部信号を定義する signal 文は次のように記述する．

```
signal  信号名 {, 信号名 } : データの型 ;
```

ここで，記法 {・・・} は記述・・・を必要回数だけ繰り返すことを表している．データの型は entity 部の port 文のデータの型と同じである．同じデータの型を有した信号名が複数ある場合には，その信号名を記号「,」で区切って並べて記述する．

■■■　同時文

同時（concurrent）文は回路図中のすべて内部信号とすべての出力信号との状態を決定する信号代入文やそのほかをいくつか記述したものである．この同時文の記述で

3.3 architecture 部

は，記述が複数の文であっても，コンピュータのプログラムの記述とは異なり，文の記述の順序にはまったく意味がない．すなわち，各文は同時に作動する個々の生成された電子回路ブロックに対応しているにすぎない．したがって，文の記述順序は自由でよい．

■■■ 信号代入文と論理演算子

論理演算子として not, or, and, nor, nand, xor がある．いま，入力信号を A, B とし，出力信号を C とすれば，論理演算を用いた信号代入文は表 3.3 のように記述する．

表 3.3 信号代入文

信号代入文	回 路
C<=not A;	not 回路
C<=A or B;	or 回路
C<=A and B;	and 回路
C<=A nor B;	nor 回路
C<=A nand B;	nand 回路
C<=A xor B;	exclusive or 回路
C<=not A and B;	not (A and B) とは異なる
C<=(not A and B)or(A and not B);	xor に等しい組み合わせ回路

■■■ 出力信号（out port）についての注意

port 文で out と定義された port 名は信号代入文の右辺には記述できないので注意が必要である．たとえば，図 3.1 (b) において，内部信号 W を用いることなく，出力信号 C をそのまま用いて，

```
S<=(A or B)and not C;
```

と記述することはできない．すなわち，電子回路が生成される場合，図 3.2 のように，out port は何らかの回路素子を介して回路ブロックの外側に生成されるので，この port 信号を回路ブロックの内側では使用できない．したがって，記述例に示した W

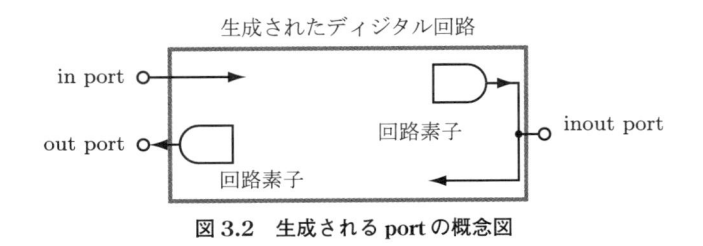

図 3.2 生成される port の概念図

のように，出力 port と同じ値をもつ内部信号を作成しておいて，out port の代わりにその内部信号を用いる記述をしなければならない．

■■■　コメントの書き方

記号「−」が 2 個続いて存在した場合には，この記号からその行の最終までは回路生成には無関係なものとされる．したがって，説明などのコメントは記号「−」を 2 個続けて書いた後に書けばよい．

演習問題 3

3.1 図 3.3 に示す半加算器回路を VHDL で記述せよ．
3.2 図 3.4 に示す半加算器回路を VHDL で記述せよ．

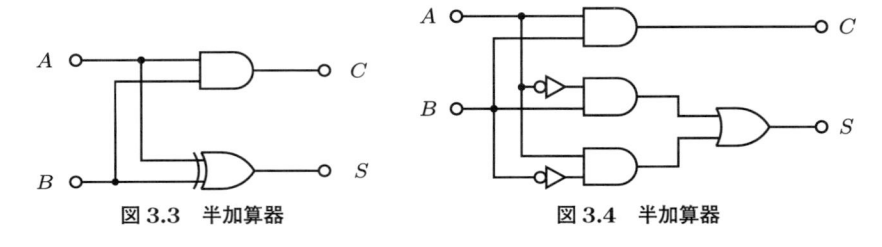

図 3.3　半加算器　　　　　図 3.4　半加算器

3.3 次の論理式で示す全加算器を VHDL 記述せよ．

$$C = \bar{X} \cdot Y \cdot Z + X \cdot \bar{Y} \cdot Z + X \cdot Y \cdot \bar{Z} + X \cdot Y \cdot Z$$
$$S = \bar{X} \cdot \bar{Y} \cdot Z + \bar{X} \cdot Y \cdot \bar{Z} + X \cdot \bar{Y} \cdot \bar{Z} + X \cdot Y \cdot Z$$

第4章 階層記述と多bit信号

どんな複雑な回路でもいくつかの簡単な回路を組み合わせて構成できる．たとえば，前章で学習した半加算器はand回路とor回路を組み合わせたものであり，また，全加算器は半加算器2個を組み合わせて構成できる．ここでは，その全加算器を例にとり，簡単な回路のVHDL記述をいくつか組み合わせてより複雑な回路を構成するVHDL記述法について述べる．

さらに，複雑なディジタル回路の信号は複数bit（複数本の信号線）から構成されていることが一般的である．そこで，その例として4 bit 2進数の加算を行う並列加算回路を取り上げ，複数bitの信号のVHDL記述法について説明し，大規模なディジタル回路を取り扱うための基本を述べる．

4.1 半加算器と全加算器

全加算器は図4.1のように半加算器2個を使用して構成できる．この回路図のように別途定義してある機能ブロックをいくつか組み合わせた回路を階層構成回路という．ここでは，半加算器の回路が下位層であり，全加算器はその上位層となる．

いま，半加算器のVHDL記述をリスト4.1のとおりとすれば，これを下位層として階層記述した全加算器のVHDL記述はリスト4.2のようになる．

リスト4.2を概観すると，architecture部に下位層である半加算器ブロックの外形

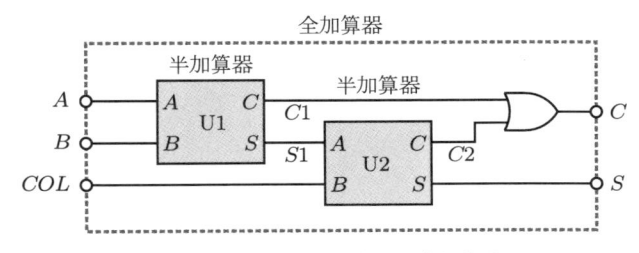

図4.1 半加算器で構成する全加算器

第4章 階層記述と多bit信号

リスト4.1 半加算器(下位層)

```
library IEEE;
use IEEE.STD_LOGIC_1164.ALL;

entity HALF_ADDER is
 port ( A,B:in std_logic;
        C,S:out std_logic );
end HALF_ADDER;

architecture Behavioral of HALF_ADDER is
begin
   C<=A and B;
   S<=A xor B;
End Behavioral;
```

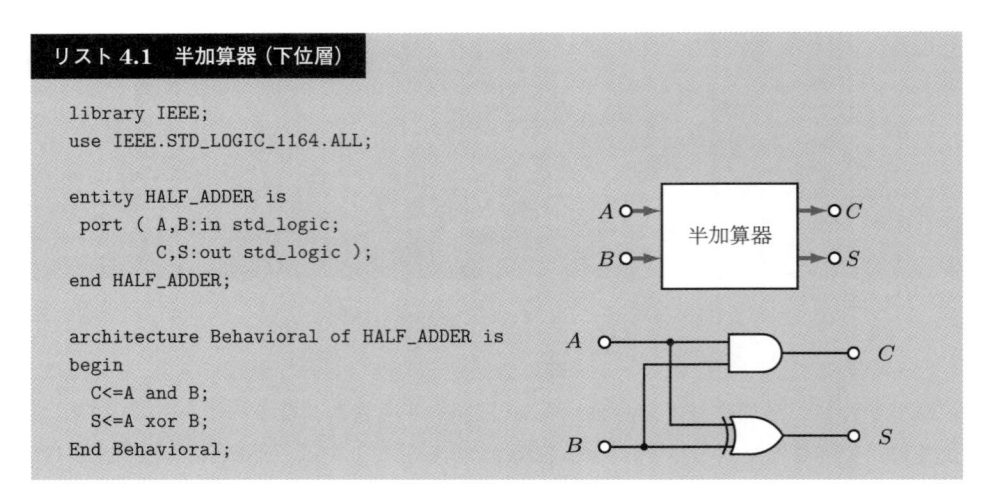

リスト4.2 全加算器(上位層)

```
library IEEE;
use IEEE.STD_LOGIC_1164.ALL;

entity FULL_ADDER is
 port( A,B,COL:in std_logic;
       C,S:out std_logic );
end FULL_ADDER;

architecture Behavioral of FULL_ADDER is
 component HALF_ADDER is
  port( A,B:in std_logic;
        C,S:out std_logic );
   end component;
 signal C1,C2,S1:std_logic;
begin
   U1:HALF_ADDER port map(A,B,C1,S1);
   U2:HALF_ADDER port map(C1,COL,C2,S);
   C<=C1 or C2;
End Behavioral;
```

← component文
← component引用文

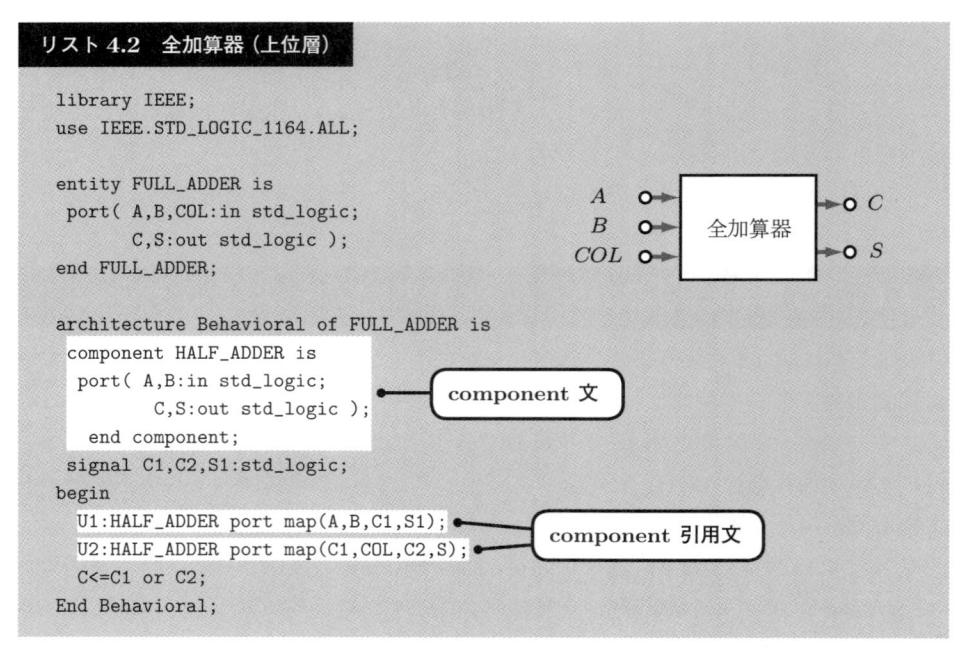

がcomponent文として記述されている．このcomponent文とリスト4.1(半加算器)のentity部とが対応している．さらに，リスト4.2のbegin以下に同時文としてHALF_ADDERブロック2個の組み込み記述がなされており，組み込まれたブロックのそれぞれにU1およびU2と名前付けするラベル(label)が付けられている．

■■■ component文

　component文とは，上位層記述の中に書き，引用される下位層ブロックの外形を

示すものである．後述するように，その記述内容は下位層記述の entity 部の記述内容とほぼ同じである．

component 文は次のように記述する．

```
component component名 is
    generic 文
    port 文
end component component名 ;
```

ここに，component 名は下位層の entity 名に等しく，また，port 文は下位層の port 文と同じでなければならない．component 名に続く is および最後の component 名は省略してもよい．ところで，component 文中の port 文は下位層の信号名の記述順序とそのデータの型だけを絶対的に明示しているものであり，そのインターフェース port 名は仮の名前である．したがって，この下位層のインターフェース port 名が上位層の port 名や内部信号名，あるいは，その他の名前などと重複していてもよい．

■■■ **component の引用文**

component 宣言された回路ブロックを引用する場合は次のように architecture 部の同時文として記述する．

```
ラベル : component名   port map（信号名,・・・）;
```

ここに，信号名はインターフェースの port 名や signal 宣言された内部の信号名であり，component 宣言での port 文の信号方向が対応し，データの型が一致するものでなければならない．

ところで，下位層の信号の方向が out であり，上位層でこの信号を使用することがない場合の信号名は次のように記述することができる．

```
空（何も書かない）          または          open
```

4.2　並列 4 bit 加算器

図 4.2 は全加算器を 4 個並べた並列 4 bit 加算器である．被加数 X，加数 Y および和 Z はいずれも 4 bit の信号である．全加算器ブロック U0，U1，U2 の桁上げ出力 C を同ブロック U1，U2，U3 の入力 COL に接続して，下位桁からの桁上げを処理する．この 4 bit 加算器を N 個縦続して $4N$ bit の加算器が構成できるように，最下位への桁上げ入力 CIN と最上位の桁上げ出力 $COUT$ を有している．

リスト 4.3 は図 4.2 の 4 bit 並列加算器を VHDL 記述したものである．インター

第 4 章　階層記述と多 bit 信号

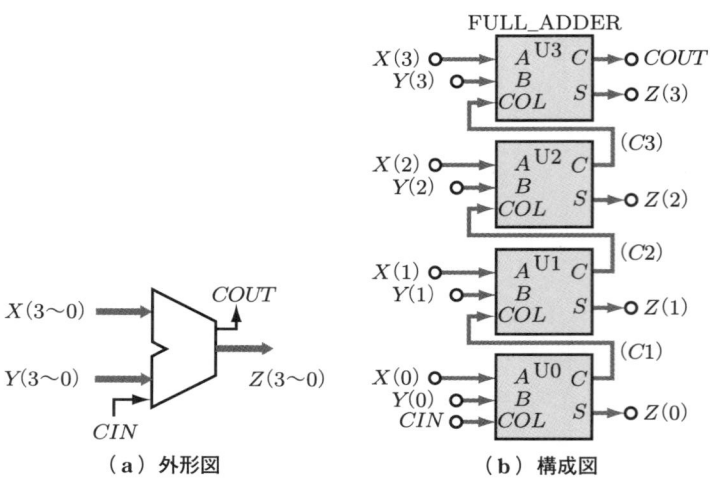

（a）外形図

（b）構成図

図 4.2　並列 4 bit 加算器

リスト 4.3　並列 4 bit 加算器

```
library IEEE;
use IEEE.STD_LOGIC_1164.ALL;

entity ADDER_4bit is
   Port( X,Y:in std_logic_vector(3 downto 0);      -- 4 bit 入力
         CIN:in std_logic;
         Z:out std_logic_vector(3 downto 0);       -- 4 bit 出力
         COUT:out std_logic );
end ADDER_4bit;

architecture Behavioral of ADDER_4bit is
   component FULL_ADDER is
    port( A,B,COL:in std_logic;                    -- 下位層ブロック（全加算器）
          C,S:out std_logic );
       end component;
   signal C1,C2,C3:std_logic;                      -- 内部（作業）信号
begin
U3:FULL_ADDER port map(X(3),Y(3),C3,COUT,Z(3));
U2:FULL_ADDER port map(X(2),Y(2),C2,C3,Z(2));     -- 4 個の全加算器の引用
U1:FULL_ADDER port map(X(1),Y(1),C1,C2,Z(1));
U0:FULL_ADDER port map(X(0),Y(0),CIN,C1,Z(0));
end Behavioral;
```

4.2 並列 4 bit 加算器

フェースである port 文には 4 bit 信号の型「std_logic_vector(3 downto 0)」が示されている．また，architecture 部の 4 個の下位層回路ブロックの引用文には，$X(0)$ や $Y(0)$ のように，4 bit 信号中の個々のビットの記述が示されている．次に多 bit の信号，すなわち，vector 型の信号に関する VHDL 記述について詳しく述べる．

■■■ vector 型（多 bit 信号のデータの型）

vector 型は多 bit 信号のデータを表すものであり，次のように記述する．

```
std_logic_vector ( 幅 )
```

ここに幅（dimension）は信号のビットの順番と bit 数を表すもので，たとえば図 4.3 のような 4 bit の場合は次のように記述する．

```
0 1 2 3   昇順幅
3 2 1 0   降順幅
```

図 4.3　vector 型

```
std_logic_vector ( 0 to 3 )      ・・・昇順幅
std_logic_vector ( 3 downto 0 )  ・・・降順幅
```

このうち，降順幅のものは整数型（integer）への互換性があり，数値データとして演算などにも使用できる．したがって，多 bit 信号は，特に昇順幅とする必要性を有するもの以外は，降順幅としておく方がよい．

vector 型の信号の個々のビットを記述する場合は，vector 型の幅を示す範囲に含まれる整数を指標（index）として，次のように記述する．

```
信号名 ( 指標 )
```

たとえば，「signal A:std_logic_vector (7 downto 0);」で宣言された信号 A のパリティチェック（parity check）を行う場合は，各ビットすべての排他的論理和が必要であるので，次のように記述する．ただし，P は 1 bit 信号である．

```
P<=A(7) xor A(6) xor A(5) xor A(4)
   xor A(3) xor A(2) xor A(1) xor A(0);
```

演習問題 4

4.1 図 4.4（a）に示す下位層ブロックの VHDL 記述があるものとする．このブロックを引用した上位層回路（b）を VHDL 記述せよ．

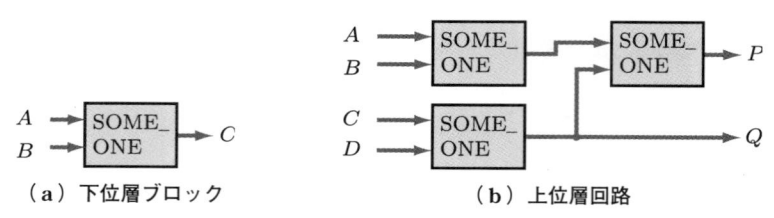

（a）下位層ブロック　　　　　（b）上位層回路

図 4.4　問題の回路

4.2 リスト 4.3 のとおりの 4 bit 並列加算器の VHDL 記述があるものとする．これを引用して 16 bit 並列加算器を VHDL 記述せよ．

第5章 真理値表からのVHDL記述

　これまでに述べた回路のように，論理素子をいくつか組み合わせてVHDL記述する方法は，回路が比較的簡単な場合は問題ないが，回路の機能が複雑になった場合などは，論理素子の数が多大となり，対応する論理式のVHDL記述や，回路設計の基となる論理回路図を描き上げることに多大の労力が必要である．そこで，ディジタル回路の入力信号と出力信号の関係を大局的に捉えることができる場合には，論理式を使用しないで，捉えた結果を直接的にVHDL記述とする効率的な方法（if文の使用）について述べる．また，ディジタル回路の入力信号と出力信号の関係が真理値表として与えられている場合には，論理式を導くことなく，真理値表から直接的に回路をVHDL記述する効率的な方法（case文の使用）について述べる．

5.1 半加算器の真理値表

　半加算器は被加数，加数をそれぞれA, Bとし，その和をS, 桁上げ（carry）をCとすれば，その真理値表は表5.1のようになる．

　この真理値表を基に，A, Bを入力信号，C, Sを出力信号とするディジタル電子回路の動作を考察すれば，第2章2.1節に述べた真理値表から論理回路を導くこと以外に，次のようにまとめることができる．

(1) 出力Cについては，$A=1$かつ$B=1$であれば1が出力され，そうでなければ0が出力される．出力Sについては，$A=0$かつ$B=1$，または，$A=1$かつ$B=0$であれば1が出力され，そうでなければ0が出力される．

(2) A, Bを連結して2 bitの信号と見れば，入力値[00,01,10,11]に対応して，Cの値として[0,0,0,1]が出力され，Sの値として[0,1,1,0]が出力される．

　(1)は，真理値表が簡単であるので，これを鳥瞰すれば，直ちに見えてくるものである．(2)は真理値表をディジタル回路の入出力として率直に見たものである．以上の二つのまとめをそのままVHDL文としてディジタル電子回路が設計できることを示そう．

第 5 章　真理値表からの VHDL 記述

表 5.1　半加算器の真理値表

入　力		出　力	
A	B	C	S
0	0	0	0
0	1	0	1
1	0	0	1
1	1	1	0

5.2　VHDL 記述（その 1，if 文の使用）

前節の半加算器回路の動作（1）を基に，VHDL 記述を行った例をリスト 5.1 に示す．A，B の値条件で C の値を選択するものと A，B の別の値条件で S の値を選択するものとの二つの if 文が用いてある．

if 文や後述する case 文に対応する回路の生成は，機構上，各文単独の回路生成は行わず，各文をまとめて制御するような回路ブロックが構成され，そのブロック中の部分機能が各文に対応するように回路生成が行われる．したがって，まず，この制御

リスト 5.1　半加算器（その 1）の VHDL 記述

```
library IEEE;
use IEEE.STD_LOGIC_1164.ALL;

entity HALF_ADDER is
 port( A,B:in std_logic;
       C,S:out std_logic );
end HALF_ADDER;

architecture Behavioral of HALF_ADDER is
begin
process(A,B)        ← 起因リスト
 begin
 if A='1'
    then if B='1' then C<='1': else C<='0'; end if;
    else C<='0';
    end if;
 if A='0'
    then if B='1' then S<='1'; else S<='0'; end if;
    else if B='0' then S<='1'; else S<='0'; end if;
       end if;
 end process;           ← process 文
end Behavioral;
```

5.2 VHDL 記述（その1，if 文の使用）

回路ブロックを process 文として記述し，そして，if 文などはその process 文の中に記述しなければならない．

■■■ process 文

process 文とは if 文や case 文に対応する回路が含まれるブロックを定義するものである．process 文は次のように記述する．

```
process( 起因リスト )
 begin  文列   end process ;
```

ここに，起因リスト（原文：sensitivity list）は信号名をコンマ (,) で区切って並べる．起因リストの信号の値に変化があったときだけ文列（原文：sequence of statements）が作動する．文列とは回路の作動に必要な各種の文を並べたものである．最後の process は省略してもよい．

■■■ if 文

if 文は条件が成立するか否かにより回路動作の二者択一を記述するものであり，次のように記述する．

```
if  条件  then  文列  else  文列  end if;
```

後述する条件式（論理式や関係式）の値が真であれば then に続く文列が作動し，偽であれば else に続く文列が作動するものである．else に続く文列が不要であれば次のように記述できる．

```
if  条件  then  文列  end if;
```

else に続く文列が 1 個の if 文だけのときには，else と if を連結して，次のように記述することもできる．

```
if  条件  then  文列
    elsif  条件  then  文列  else  文列
    end if;
```

elsif の締めくくりには「end if;」を記述してはいけない．elsif を用いない場合は次のような記述となる．

```
if  条件  then  文列
    else if  条件  then  文列  else  文列  end if;
    end if;
```

第 5 章　真理値表からの VHDL 記述

■■■ std_logic 型データの値

std_logic 型のデータがとり得る値とその記述は表 5.2 のようになっている．

表 5.2　std_logic 型データ

データ	記述
0	'0'
1	'1'
high インピーダンス（3 状態回路）	'Z'
不定（0 でも 1 でもよいとき）	'X'
未定（初期状態のときの値）	'U'

このうち，「'Z'」は出力を 3 状態出力回路の high インピーダンスにして，並列されたほかの信号線に影響を与えない状態とするときに用いる．「'X'」は 0 または 1 のどちらでもよく，回路生成の都合で決まって良いときに用いる．「'U'」は，電源投入直後のレジスタ（フリップフロップ）の状態で，0 または 1 のいずれになっているか不明な状態を意味する．

例題 5.1　次のような VHDL 記述（部分）がある．誤りを指摘し，その理由を述べよ．

```
process(A) begin
  if A='1' then C<='0'; else C<='1'; end if;
  end process;
process(B) begin
  if B='1' then C<='1'; D<='0'; else C<='X'; D<='1'; end if;
  end process;
```

解　信号 C が 2 個の process 文において値定義（C<='0' など）されている．process 文は 1 個の回路ブロックとして生成されるので，2 個の回路ブロックの出力（値定義）が直結（短絡）されていることになり，不合理な回路である．すなわち，一つの信号の値定義は一つのブロック内に限られる．

5.3　VHDL 記述（その 2，case 文の使用）

真理値表の入力条件をそのまま多岐選択条件として case 文で記述した例をリスト 5.2 に示す．A と B とを連結してその値を 2 bit の内部信号 IN_AB に写し，この値を case 文の選択条件として C, S の値を決定している．なお，IN_AB がとり得る値は「"00"～"11"」であり，我々はこれ以上の値を考えていないが，VHDL の std_logic 型では，たとえば「"ZZ"」なども値として想定されているので，「"00"～"11"」以外

5.3 VHDL 記述（その2，case 文の使用）

リスト 5.2　半加算器（その2）の VHDL 記述

```
library IEEE;
use IEEE.STD_LOGIC_1164.ALL;

entity HALF_ADDER is
 port( A,B:in std_logic;
       C,S:out std_logic );
end HALF_ADDER;

architecture Beavioral of HALF_ADDER is
 signal IN_AB:std_logic_vector(0 to 1);
begin
IN_AB<=A & B;
process(IN_AB)
 begin
 case IN_AB is
  when "00" => C<='0'; S<='0';
  when "01" => C<='0'; S<='1';
  when "10" => C<='0'; S<='1';      ← case 文
  when "11" => C<='1'; S<='0';
  when others => C<='X'; S<='X';
  end case;
 end process;
end Behavioral;
```

の値を others として一括記述し，others の場合は C, S の値をそれぞれ不定値「'X'」とし，生成の都合で 0/1 どちらになってもよいようにしている．

■■■ case 文

case 文とは，条件となる信号の値によって，それぞれ動作が異なる回路を記述するものである．

case 文は次のように記述する．

```
case  式  is
     when  値  =>  文列
     when  値  =>  文列
  :
when others =>  文列
end case;
```

ここに，値は式がとり得る値であり，その値のときに「=>」に続く文列が作動する．作動する文列が同じ場合には，次のように，各値を記号「｜」で区切って並べて記述できる．

第 5 章　真理値表からの VHDL 記述

```
when  値 | 値 | … | 値  =>  文列
```

さらに，これらの値が連続となる場合には，次のように，開始値と終始値とで記述できる．

```
when  開始値  to  終始値  =>  文列
```

なお，others は，式がとり得る残りの値，すなわち，記述に示されている値以外を一括したものである．一般に，std_logic 型を使用するときには必要となる．

演習問題 5

5.1 and 回路，or 回路，および，xor 回路の動作を，論理式を使うことなく，if 文のみを使用して VHDL 記述せよ．

5.2 図 5.1 に示す半減算器を case 文を使用して VHDL 記述せよ．

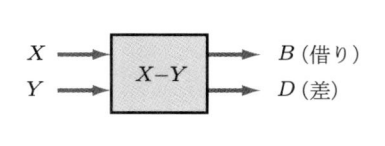

半減算器の真理値表

input		output	
X	Y	B	D
0	0	0	0
0	1	1	1
1	0	0	1
1	1	0	0

図 5.1　半減算器

5.3 表 5.3 に示す真理値表の回路（デコーダ）を case 文だけを使用して VHDL 記述せよ．

表 5.3

input			output
A	B	C	Z
0	0	0	0001
0	0	1	0010
0	1	0	0100
0	1	1	1000
1	0	0	0000
1	0	1	0000
1	1	0	0000
1	1	1	0000

5.4 表 5.3 に示す理値表の回路（デコーダ）を if 文と case 文とを使用して VHDL 記述せよ．

第6章 カウンタ回路の設計

ディジタル回路にはフリップフロップが必須である．フリップフロップを含むディジタル回路は順序回路と呼ばれており，その主たるものがカウンタ回路である．ここでは，はじめにフリップフロップの基本動作，非同期式回路と同期式回路の相違，および一般的同期式回路のVHDL記述法を説明する．

カウンタ回路の例として，10進カウンタに用いられるBCDカウンタのVHDL記述を取り上げ，順序回路の動作について述べる．さらに，一般的2進カウンタである周波数分周器を取り上げ，レジスタ（フリップフロップ列）の2進数動作をそのまま順序回路の順序制御に用いるVHDL記述例と，2進動作を意識しないで，我々の理解が容易な10進整数を順序制御に用いるVHDL記述例とを対比して，順序回路の設計は，この例が示すように，柔軟に行うことができることを示す．

6.1 フリップフロップ

フリップフロップの基本回路を図 6.1 (a) に示す．入力 I および J がともに 1 になるようにして電源を投入すると，出力 Q または出力 R のいずれか一方が 1 に，他方が 0 となって静止する．どちらが 1 になるかは，双方の not and 回路（nand 回路）の活性度の微妙な違いによって決まるので，一般には未定である．

いま，その静止状態が $Q=0$, $R=1$ であったとする．ここで，$J=1$ に保ったまま $I=0$ とすれば，Q と R の状態が反転して，$Q=1$, $R=0$ となる．ここで，$J=1$ に保っている限り，入力 I の値に無関係にこの状態を保持する．次に，$I=1$ に保ったまま，

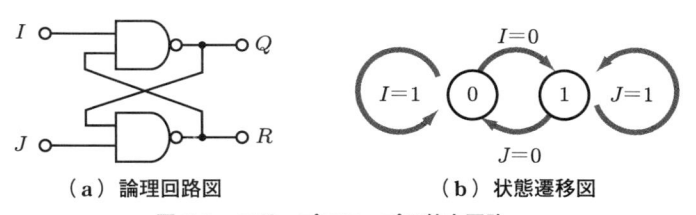

（a）論理回路図 　　　　　　　　　（b）状態遷移図

図 6.1　フリップフロップの基本回路

43

$J=0$ とすれば,状態が反転して,$Q=0$, $R=1$ となる.ここで,$I=1$ に保っている限り,入力 J の値に無関係にこの状態を保持する.すなわち,フリップフロップは $0/1$（1 bit）の記憶回路となっている.

ところで,入力を $I=J=0$ とすれば出力は $Q=R=1$ となる.しかし,この状態は静止できず,I または J の変化に伴って Q・R はすでに述べた状態となる.また,入力を $I=J=0$ から,同時に,$I=J=1$ に変化させた場合には,Q, R のいずれが $0/1$ になるかは不定である.さらに,$Q=R=0$ という状態にはすることができない.したがって,出力 $Q=R=1$（および $Q=R=0$）はフリップフロップの応用からは除外される.このような出力状態になる入力値を「組み合わせ禁止」と呼び,入力してはならないものとする.

フリップフロップはその使用目的によって,ディジタル値を明示的に記憶しておく回路とする場合にはレジスタ（register）と呼ばれ,また,単なる一時記憶回路の場合にはラッチ（latch）と呼ばれる.フリップフロップを含むディジタル回路は,入力信号の条件だけではなく,フリップフロップの現在の状態（記憶値）も加えた条件により,フリップフロップの次の状態が決定される.

図 6.1（b）はフリップフロップの基本回路の状態の遷移を図式化した状態遷移図である.ただし,この回路は組み合わせ禁止 $I=J=0$ を有しているので

$$I=0 \text{ and } J=1 \rightarrow I=0, \quad I=1 \text{ and } J=0 \rightarrow J=0$$

と簡略化できる.さらに,常に $R= \text{not } Q$ であるので R を消去できる.

遷移図 6.1（b）を基にしたフリップフロップの基本回路の VHDL 記述例をリスト

リスト 6.1　フリップフロップの基本回路

```
library IEEE;
use IEEE.STD_LOGIC_1164.ALL;

entity BASIC_FLIPFLOP is
  Port ( I,J : in std_logic;
         Q : out std_logic);
end BASIC_FLIPFLOP;

architecture Behavioral of BASIC_FLIPFLOP is
begin
process(I,J)
  begin
  if I='0'then Q<='1'; elsif J='0' then Q<='0'; end if;
  end process;
end Behavioral;
```

6.1 に示す．一つの process 文記述は一つの順序回路ブロックに対応する．process 文中において，入力 I と J とが if 文または elsif 文の条件式に示されていない値をとったときには，Q への代入が何も生じないので，Q は変化せず，直前の値を保持する．このことは，遷移図の不遷移（0 から 0 への遷移，または，1 から 1 への遷移）に対応する．

6.2 非同期式回路と同期式回路

非同期式回路（asynchronous circuit）とは各入力信号の変化が直ちに出力に変化を及ぼす機構の回路である．この回路の出力信号は回路素子が有する速度で値が決定されるので，高速であり，かつ，回路規模が小さい場合には回路も比較的単純なものとなる．しかし，回路規模が大きい場合，ある回路ブロックの複数の入力信号は，それぞれ異なった経路を経たものであるため，その値の確定に遅速が生じる．その結果，一瞬間，そのブロックには予期せぬ出力が発生し，その出力が接続されている次段のブロックを誤動作させることがある．図 6.2（a）にその概要を示す．

同期式回路（synchronous circuit）とは，図 6.2（b）のように動作の時間基準となる同期信号を用いて，各入力信号値が十分に確定する時間を考慮した同期信号のタイミングで，ブロックの出力信号値などを決定する機構である．したがって，回路規模が比較的に大きい場合でも，非同期式のような誤動作は生じないので，順序回路の設計に広く用いられる．

順序回路の VHDL 記述には process 文を使用する．process 文は一つの順序回路ブロックに対応しており，process 文の起因リストにはその順序回路が状態を遷移する起因となる信号をすべて記述する．

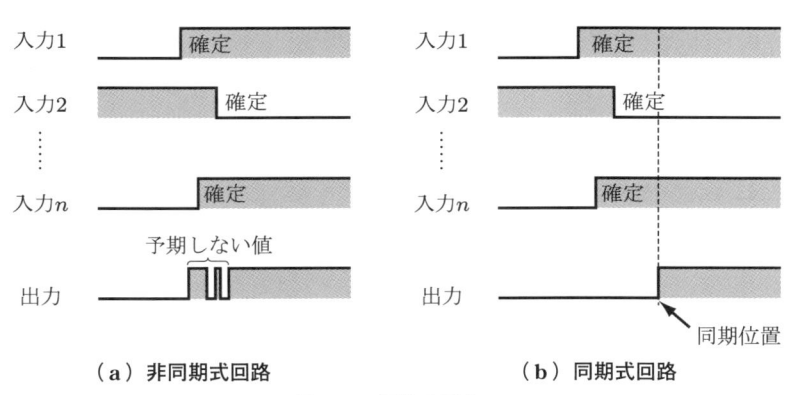

（a）非同期式回路　　　　　（b）同期式回路

図 6.2　回路の動作

第 6 章　カウンタ回路の設計

```
同期出力例          同期出力例
CLOCK              CLOCK

CLOCK' event and CLOCK='1'     CLOCK' event and CLOCK='0'
 （a）立上りエッジ同期           （b）立下りエッジ同期
```
図 6.3　同期信号と同期位置

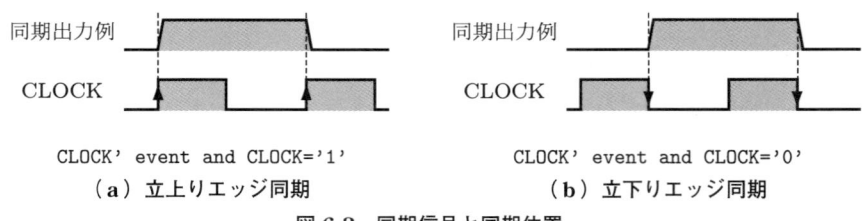

　非同期式の場合は，process 文中に，現在の状態における次の状態遷移の選択決定を if 文または case 文で記述すればよい．一方，同期式の場合は同期信号に同期した動作を記述するためには，次に述べる event 属性（attribute）を使用し，図 6.3 に示すように，その同期位置はパルスの立ち上がりエッジ（edge）かまたは立ち下がりエッジかを指定する記述を行う．実際の同期式ディジタル電子回路の出力は，回路素子の特性によってその値は相違するが，同期信号（CLOCK）のエッジに対してわずかな遅延が生じている．

■■■ **event 属性**

　event 属性とは，同期式順序回路において，状態遷移を起因パルス信号の立ち上がりエッジで実行するか，あるいは，立ち下がりエッジで実行するかを指定するための記述であり，次のように記述する．

　パルスの立ち上がりエッジの場合，

```
if  信号 'event and 信号 = '1' then ・・・ end if;
```

　パルスの立ち下がりエッジの場合，

```
if  信号 'event and 信号 = '0' then ・・・ end if;
```

ここに，「・・・」は現在の状態から次の遷移状態を決定する文や，遷移に付帯して出力信号などの値を決定する文列である．

例題 6.1　次の process 文で示す回路において，いま，信号 C および X が図 6.4（a）のように変化するものとすれば，信号 A，B の変化はどのようになるか．図示せよ．ただし，T0 以前の X の値は 0 であるものとする．

```
process(C) begin
    if C'event and C='1' then A<=B; end if;    ①
    if C'event and C='1' then B<=X; end if;    ②
end process;
```

解 文①と文②は同時に動作する．したがって，C の立ち上り時に，A には B の直前の値が写り，B には X の値が写される．したがって，図 6.4 (b) のように，A は B より 1 クロック周期だけ遅延する．

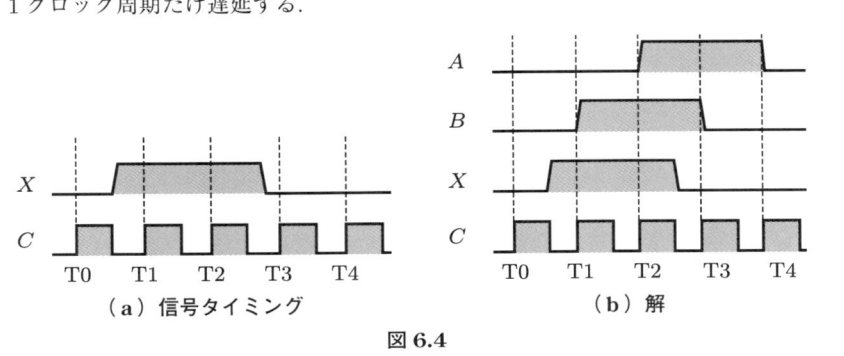

図 6.4
(a) 信号タイミング
(b) 解

6.3 BCD カウンタ

BCD（binary coded decimal; 2 進化 10 進）カウンタは 4 bit のレジスタを内部にもち，入力パルスに従って，$0000 \to 0001 \to \cdots \to 1001 \to 0000$ と 10 進数 1 桁に対応して，そのレジスタ値（状態）を変化していく順序回路である．なお，$1001 \to 0000$ の遷移時に桁上げ信号を出力して，この BCD カウンタをいくつか縦続して複数桁の 10 進カウンタを構成する場合に，次段の BCD カウンタの入力パルスとする．表 6.1 は BCD カウンタがある状態から次の状態に遷移する状況を一覧表にした状態遷移表である．なお，レジスタは 4 bit であるので $1010 \sim 1111$ という値もなり得る．しかし，この値になっては困る．一般に，このような場合を組み合わせ禁止という．

図 6.5 は BCD カウンタの状態遷移図である．ここではレジスタ値を 10 進数表示して状態の表示としている．リセット時には状態 0 に遷移し，桁上げ信号 CO は 0 となる．カウント時には状態を $0 \to 1 \to 2 \to \cdots \to 9 \to 0$ のように遷移していくが，$9 \to 0$ の遷移時だけ CO は 1 になることを示している．

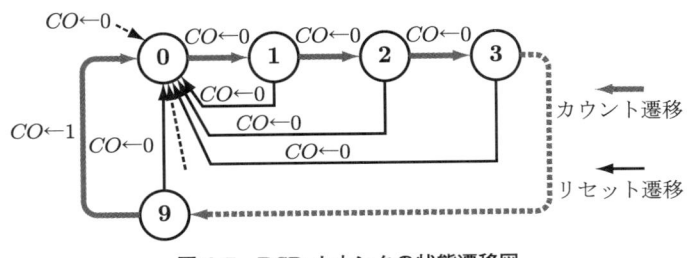

図 6.5 BCD カウンタの状態遷移図

第6章 カウンタ回路の設計

表 6.1　状態遷移表（BCD カウンタ）

現在の状態	次の状態	出力など
0000（0）	0001（1）	桁上げなし
0001（1）	0010（2）	桁上げなし
0010（2）	0011（3）	桁上げなし
0011（3）	0100（4）	桁上げなし
0100（4）	0101（5）	桁上げなし
0101（5）	0110（6）	桁上げなし
0110（6）	0111（7）	桁上げなし
0111（7）	1000（8）	桁上げなし
1000（8）	1001（9）	桁上げなし
1001（9）	0000（0）	桁上げあり
1010		
1011		
1100	組み合わせ禁止	
1101	（不使用）	
1110		
1111		

図 6.6　BCD カウンタの外形

図 6.6 に BCD カウンタの外形を示す．インターフェース信号については，CI はカウント入力パルス信号，$RESET$ はレジスタ値を強制的に 0000 とする入力信号であり，D はレジスタ値を出力する 4 bit のバス信号，CO は桁上げ時だけに 1 となる出力信号である．

リスト 6.2 は BCD カウンタを VHDL 記述したものである．library 部の use 文には IEEE.STD_LOGIC_UNSIGNED.ALL を追加してカウントアップに加算演算「Q+1」が使用できるようにし，さらに，「Q=9」のように，if 文の条件式に 10 進整数が使用できるようにしている．

architecture 部の説明を行う．signal 文はカウンタのレジスタ（＝状態変数）として 4 bit 信号 Q を宣言している．信号代入文「D<=Q」はレジスタ Q の値を 4 bit 信号 D に写して外部へ取り出している．

6.3 BCD カウンタ

リスト 6.2　BCD カウンタ

```vhdl
library IEEE;
use IEEE.STD_LOGIC_1164.ALL;
use IEEE.STD_LOGIC_UNSIGNED.ALL;

entity BCD_COUNTER is
port ( CI,RESET : in std_logic;
       CO : out std_logic;
       D : out std_logic_vector(3 downto 0) );
end BCD_COUNTER;

architecture Behavioral of BCD_COUNTER is
  signal Q : std_logic_vector(3 downto 0);   ← 4 bit レジスタ
begin
D<=Q;   ← レジスタの値出力
process ( CI,RESET )
  begin
if RESET='1' then Q<="0000"; CO<='0';   ← 非同期リセット
    elsif CI'event and CI='1' then
        if Q=9 then Q<="0000"; CO<='1';    ← カウンタ
               else Q<=Q+1; CO<='0'; end if;
   end if;
 end process;
end Behavioral;
```

　process 文が BCD カウンタの順序回路ブロックである．process 文の起因リストには，ここの順序回路の遷移の起因信号であるカウント入力信号 CI とリセット信号 $RESET$ とを記述する．

　信号 $RESET$ の扱いは非同期式回路となっており，最初の if 文で，他の信号に優先して，強制的に，Q をクリア（clear，値を 0 にすること）している．

　信号 CI パルスの上がりエッジに同期してカウント遷移が生じるように，アトリビュート「'event and CI='1'」を使用している．Q の値の制御は状態遷移表（表 6.1）および状態遷移図（図 6.5）のとおりである．状態遷移の 0000 → 0001，0001 → 0010，…，1000 → 1001 を，一まとめにして，「Q<=Q+1」と加算演算を使用して単純化している．

注　library 文に IEEE.STD_LOGIC_UNSIGNED.ALL を記述しても，「Q<="0000"」の代わりに「Q<=0」とは記述できない．また，case 文においても，同様に，「case Q is when "1001"=> Q<="0000";…」の代わりに「case Q is when 9 => Q<="0000";…」とは記述はできない．

例題 6.2 リスト 6.2 を参照して，桁上げ信号 CO の値の変化を図 6.7 に書き加えよ．

解 図 6.7 は CO の値の変化を書き加えたもの．

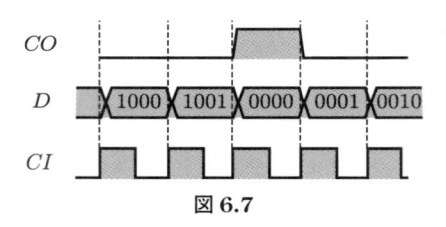

図 6.7

6.4 周波数分周回路（レジスタによる順序制御）

水晶振動子を用いた発振器は，正確な周波数のパルス信号が得られるばかりでなく，比較的安価であるため，ディジタル回路のタイミング信号源として必須な要素となっている．水晶振動子と発振回路とを一体化（樹脂封じ等）した水晶発振器も多く市販されているので手軽に使用できる．周波数は 10〜30 MHz のものが多い．この領域の周波数に比して大幅に低い周波数のパルス信号が必要な場合は分周器を用いる．

いま，図 6.8 のような 18.432 MHz のパルス信号 CP を基準とし，周波数 1 kHz の信号 $CP1$ と周波数 1 Hz の信号 $CP2$ とを出力する信号発生器（signal generator）を考える．機構は，まず，CP の周波数を 18432 分の 1 に分周して $CP1$（1 kHz）を作成し，さらに，$CP1$ の周波数を 1000 分の 1 に分周して $CP2$（1 Hz）を作成するものとする．

分周器はカウンタの応用である．基となる周波数パルスを，N 進カウンタでカウントすれば，そのカウントの繰り返しは基となる周波数の N 分の 1 である．したがって，CP を 18432 進カウンタでカウントし，得られた $CP1$ を 1000 進カウンタでカウントすればよいことになる．

周波数分周器の VHDL 記述をリスト 6.3 に示す．最初の signal 文は，$2^{14} < 18432 < 2^{15}$ であるので，18432 進カウンタの状態変数として 15 bit の $Q1$ を宣言している．次の signal 文は，$2^9 < 1000 < 2^{10}$ であるので，1000 進カウンタの状態変数として 10 bit の $Q2$ を宣言している．

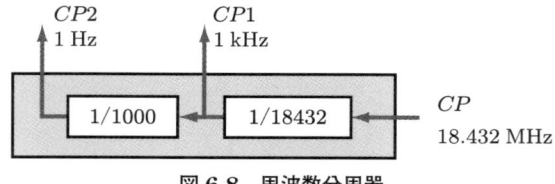

図 6.8 周波数分周器

6.4 周波数分周回路（レジスタによる順序制御）

リスト 6.3　周波数分周器（レジスタによる順序制御）

```vhdl
library IEEE;
use IEEE.STD_LOGIC_1164.ALL;
use IEEE.STD_LOGIC_UNSIGNED.ALL;

entity FREQ_DIVIDER is
 port( CP:in std_logic;
       CP1,CP2:out std_logic );
end FREQ_DIVIDER;

architecture Behavioral of FREQ_DIVIDER is
  signal Q1:std_logic_vector(14 downto 0);   -- レジスタ
  signal Q2:std_logic_vector(9 downto 0);
begin
CP1<=Q1(14);    -- 出力
CP2<=Q2(9);
process(CP)
 begin
 if CP'event and CP='1' then
  if Q1=18431 then Q1<=(others=>'0');        -- 18432進カウンタ
             else Q1<=Q1+1;
             end if;
  end if;
 end process;
process(Q1(14))
 begin
 if Q1(14)'event and Q1(14)='1' then
  if Q2=999 then Q2<=(others=>'0');          -- 1000進カウンタ
             else Q2<=Q2+1; end if;
  end if;
 end process;
end Behavioral;
```

　最初の process 文は，信号 CP を起因信号とし，18432進カウンタを記述している．$Q1$ の MSB である $Q1(14)$ の繰り返し周波数は 1 kHz となるので，文「CP1<=Q1(14);」でこれを出力している．出力 $CP1$ の波形は図 6.9 に示すようになる．

　二番目の process 文は，信号 $Q1(14)$ を起因信号として用い，1000進カウンタを記述している．$Q2$ の MSB である $Q2(9)$ の繰り返しは 1 Hz となるので，文「CP2<=Q2(9);」でこれを出力している．出力 $CP1$ の波形は図 6.9 に示すようになる．

　クリア文は「Q1<="000000000000000";」のように記述してもよいが，桁数を誤りやすいので，次の記述法に従っている．

■■■ **ビットを指定する信号代入文**

　信号のビットに特定の値を代入する場合は次のように記述する．

第 6 章　カウンタ回路の設計

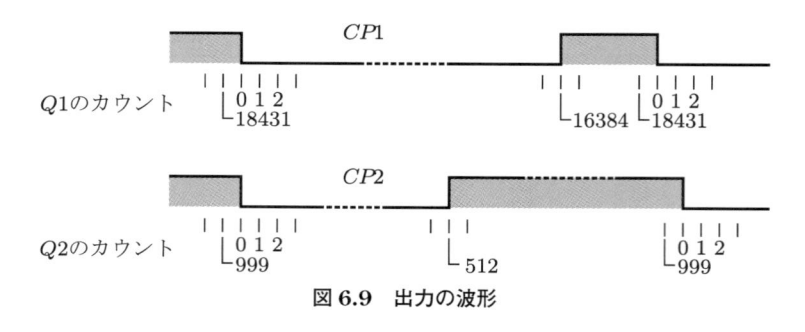

```
        CP1
Q1のカウント  | | | | |          | | |  | | | |
            └0 1 2              └    └0 1 2
             └18431              16384 └18431

        CP2
Q2のカウント  | | | | |          | | |          | | | |
            └0 1 2              └              └0 1 2
             └999                512            └999
```

図 6.9　出力の波形

```
信号 <=( ビット位置 => 値 |, ビット位置 => 値| );
```

ここに，記法 |・・・| は記述・・・を必要回数だけ繰返すことを示している．ビット位置は整数または範囲または others，値は 1 bit の値または 1 bit の信号名である．指定のビット位置に「=>」に続く値が代入され，残りのビットには「others=>」に続く値が代入される．なお, すべてのビットに値が代入されるような記述が必要である．

たとえば，「std_logic_vector(15 downto 0)」で宣言された信号 A に関して，次の 2 文は同じ意味である．

```
A<="0111000100000000";
```

```
A<=(14 downto 12=>'1',8=>'1',others=>'0')
```

さらに，信号 A をクリアする（値を 0 とする）場合は次のように書くことができる．

```
A<=(15 downto 0=>'0');
```

または，

```
A<=(others=>'0');
```

● **例題 6.3**　リスト 6.3 においては，$CP1$ は CP の立ち上がりに同期して作成され，$CP2$ はその $CP1$ の立ち上がりに同期して作成されている．したがって，$CP2$ は $CP1$ からわずかに遅延する．そこで，$CP2$ も CP の立ち上がりに同期させて，この遅延を除去するにはどのような VHDL 記述となるか．
　解　$CP2$ の出力文「CP2<=Q2(14);」を次のように，CP の立ち上がりに同期して出力されるように変更すればよい．

```
process(cp)
 begin
 if cp'event and CP='1'then CP2<=Q2(14);
 end process;
```

6.5 周波数分周器（integer による順序制御）

前節の周波数分周器はレジスタを順序回路の状態変数に使用していた．レジスタはフリップフロップの集合そのものであるので，2 進数で扱わねばならない．if 文においては条件式の記述に 10 進整数記述が行えるが，代入文や case 文の記述などには 2 進数記述が必要である．2 進数記述で，bit 長が大きい場合にはその記述を誤りやすく，また，2 進-10 進の相互変換も考える必要があるなど，不便である．そこで，順序回路の状態変数に integer（整数）型を用いる方法を示す．integer であるので，値の代入や case 文の記述などに 10 進整数記述を行うことができる．

リスト 6.4 はリスト 6.3 と同じ周波数分周器について状態変数に integer 型を使用して書き改めたものである．

記述「`signal Q1:integer range 0 to 18431;`」は $Q1$ を整数として宣言し，その範囲は 0 〜 18431 であることを示している．実際に生成される回路では，前節と同じく，15 bit の信号となる．「`range 0 to 18431`」は省略することもできるが，これを省略した場合には 32 bit の信号として生成されることになっている．2 番目の signal 文記述「`signal Q2:integer range 0 to 999;`」は 0 〜 999 の整数として $Q2$ を宣言しているが，実際に生成される回路では，前節と同じく，10 bit 信号となる．3 番目の signal 文記述の信号 P は，信号 $Q1$ を integer 型としたので，リスト 6.3 のように，$Q1$ をパルス信号として直接には利用できないので，別にパルス出力を作成するための std_logic 型信号を用意したものである．

18432 進カウンタを構成する process 文中において，$Q1$ が 0 〜 9215 の間では「`P<='0'`」とし，状態値が 9216 〜 18431 の間では「`P<='1'`」として，デューティ比（duty ratio，周期に対する凸部分の時間比）50% のパルスを作成している．この信号 P を $CP1$ に写して出力するとともに，次段の 1000 進カウンタを構成する process 文の起因リストに記述して，順序回路の同期信号として使用する．

次段の 1000 進カウンタでは，初段のカウンタと同様に，状態変数 $Q2$ が 0 〜 499 の場合と 500 〜 999 の場合とを選択して，0/1 の代入を行い，デューティ比 50% のパルス出力を作成している．なお，このパルス出力は回路内部で利用することがない

リスト 6.4　周波数分周器（integer による順序制御）

```vhdl
library IEEE;
use IEEE.STD_LOGIC_1164.ALL;
use IEEE.STD_LOGIC_UNSIGNED.ALL;

entity FREQ_DIVIDER_2 is
 port( CP:in std_logic;
       CP1,CP2:out std_logic );
end FREQ_DIVIDER_2;

architecture Behavioral of FREQ_DIVIDER_2 is
 signal Q1:integer range 0 to 18431;   ← 順序回路状態変数
 signal Q2:integer range 0 to 999;
 signal P:std_logic;                    ← 作業用内部信号
begin
CP1<=P;                                 ← 出力（CP1）
process(CP)
 begin
 if CP'event and CP='1' then
  if Q1<9215 then P<='0'; Q1<=Q1+1;
             elsif Q1<18431 then P<='1'; Q1<=Q1+1;    ← 18432 進カウンタ
             else P<='0'; Q1<=0;
             end if;
  end if;
 end process;
process(P)
 begin
 if P'event and P='1' then
  if Q2<499 then CP2<='0'; Q2<=Q2+1;
  elsif Q2<999 then CP2<='1'; Q2<=Q2+1;              ← 1000 進カウンタ
             else CP2<='0'; Q2<=0;
             end if;
  end if;
 end process;
end Behavioral;
```

ので，直接，インターフェース出力信号 $CP2$ に 0/1 の代入を行ってパルス作成を行っている．

■■■ **integer 型のデータ**

integer 型は次のように記述する．

    integer 範囲

ここに，範囲は使用する数値の最小と最大を定義するもので，次のように記述する．

```
range  最小値 to  最大値
```

　integer 型データは定義した最小値と最大値を含む最小 bit 数の 2 進整数データとして生成される．ただし，最小値が負値である場合には 2 の補数表示が適用される．また，範囲を省略した場合には，32 bit が適用され，次のように定義されたものとされる．

```
range -2147483647 to +2147483647
```

　integer 型信号 I を std_logic_vector 型信号として扱う場合，または，std_logic_vector 型信号 S を integer 型信号として扱う場合は，次の型変換関数を使用する．ただし，サイズ（size）は変換後の bit 数を表す整定数，または，integer 型データである．

```
conv_std_logic_vector ( I, サイズ )
conv_integer ( S )
```

（記述例）integer 型信号 X を 8 bit の std_logic_vector 型信号 Y に代入する．

```
Y<=conv_std_logic_vector(X,8);
```

演習問題 6

6.1 リスト 6.2 の BCD カウンタを引用して，10 進 2 桁のカウンタ回路を VHDL 記述せよ．

6.2 時計の秒のカウントに使用する 60 進カウンタ回路を VHDL 記述せよ．ただし，カウンタは 10 進と 6 進とのカスケードとする．

6.3 表 6.2 に示すような状態遷移をする順序回路を VHDL 記述せよ．ただし，回路は信号 $CLOCK$ の立ち上がりに同期して動作するものとする．

6.4 周波数 32.768 kHz の発振器がある．これを利用して，1Hz のパルスを発生する回路を VHDL 記述せよ．ただし，出力パルス波形はデューティ比 50％の方形波とする．

第 6 章　カウンタ回路の設計

表 6.2　状態遷移表（Gray コード）

現在の状態		次の状態
Q_0	0000	Q_1
Q_1	0001	Q_2
Q_2	0011	Q_3
Q_3	0010	Q_4
Q_4	0110	Q_5
Q_5	0111	Q_6
Q_6	0101	Q_7
Q_7	0100	Q_8
Q_8	1100	Q_9
Q_9	1101	Q_{10}
Q_{10}	1111	Q_{11}
Q_{11}	1110	Q_{12}
Q_{12}	1010	Q_{13}
Q_{13}	1011	Q_{14}
Q_{14}	1001	Q_{15}
Q_{15}	1000	Q_0

第7章 演算回路の設計

　この章では，最初に，2の補数表示整数の加減算機構について，そのVHDL記述を通して解説する．なお，加減算回路のVHDL記述は，単に演算子を使用した加算の式，または，減算の式を書くだけでよいことを覚えてほしい．実用的な演算回路として，累算式の加減算・論理演算回路を述べる．

　さらに，一歩進んで，実際のコンピュータの演算装置はどのような機構であるのか，要求される演算機能を実現するためのVHDL記述（回路設計）を通して，演算結果のエラー判定機構なども含めて，詳細に解説する．また，シフト演算回路のVHDL記述は使われることが少ないが，コンピュータの演算装置には必須なものなので紹介する．

7.1　2の補数表示整数の加減算回路

　2の補数表示数の加減算は，整数に限れば，符号ビットを含めた二数の機械的な（桁数を超えた桁上げや借りを無視する）加減算を行えばよい．また，整数の減算については次のとおりの関係がある．

$$\begin{aligned} X - Y &= X + (-Y) \\ &= X + \overline{Y} + 1 \end{aligned} \quad (7.1)$$

すなわち，$(-Y)$ は Y の2の補数であり，さらに，1.4.2項で述べたように，2の補数

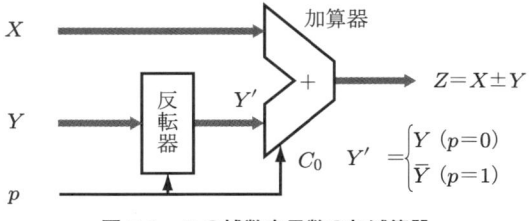

図7.1　2の補数表示数の加減算器

$Y' = \begin{cases} Y & (p=0) \\ \overline{Y} & (p=1) \end{cases}$

第7章 演算回路の設計

リスト 7.1　2の補数表示整数加減算器（その1）

```
library IEEE;
use IEEE.STD_LOGIC_1164.ALL;
use IEEE.STD_LOGIC_UNSIGNED.ALL;

entity ADDER_SUBTRACTOR is
 Port( X,Y:in std_logic_vector(15 downto 0);
       Z:out std_logic_vector(15 downto 0);
       P:in std_logic );
end ADDER_SUBTRACTOR;

architecture Behavioral of ADDER_SUBTRACTOR is
 signal W: std_logic_vector(15 downto 0);
begin
Z<=X+W+P;
process(P,Y)
 begin
 if P='0' then W<=Y; else W<=not Y; end if;
 end process;
end Behavioral;
```

リスト 7.2　2の補数表示整数加減算器（その2）

```
library IEEE;
use IEEE.STD_LOGIC_1164.ALL;
use IEEE.STD_LOGIC_UNSIGNED.ALL;

entity ADDER_SUBTRACTOR is
 Port( X,Y:in std_logic_vector(15 downto 0);
       Z:out std_logic_vector(15 downto 0);
       P:in std_logic );
end ADDER_SUBTRACTOR;

architecture Behavioral of ADDER_SUBTRACTOR is
begin
process(P,X,Y)
 begin
  if P='0' then Z<=X+Y; else Z<=X-Y; end if;
  end process;
end Behavioral;
```

は各ビットの0/1を反転したものに1を加算することにより得られる．よって，減算は被減数に減数の各ビットの0/1反転と1とを加算すればよいことになる．

　図7.1は2の補数表示数の加減算機構である．制御信号pにより，$p=0$のときは加算，または，$p=1$のときは減算が行われる．加算器入力のC_0は最下位への桁上げ

7.1 2の補数表示整数の加減算回路

入力であるが，ここより下位の桁が存在しないので通常は不用である．そこで，加算時には $C_0=0$ とし，減算時には $C_0=1$ として減数の2の補数作成における「各ビットの反転に1を加算」の「1」に当てる．

リスト7.1は図7.1の回路を記述したもので，ここではデータ長を16 bitとしている．加算器の記述には，全加算器を16個並べることなく，library部のuse文に「IEEE.STD_LOGIC_UNSIGNED.ALL」を付加し，算術演算子「+」を使用した簡潔な式で記述している．なお，算術演算子「+」を2回使用しているが，実際には16 bitの加算器2個が生成されるわけでなく，回路の生成の際に最適化が行われるので，図示の加算機構とほぼ等価な加算機構が生成される．

リスト7.1は加減算器の原理を忠実に記述しているが，そのarchitecture部はリスト7.2のとおりでもよい．むしろこの方が回路生成時の最適化の自由度が増すので，わずかではあるが，より効率的な（高速で，かつ，簡単な）回路が生成される．

■■■算術演算子

算術演算回路の記述には算術演算子を用いて記述できる．算術演算子と演算回路との関係は表7.1のとおりである．

表7.1 算術演算子

算術演算子	演算回路
+	加算回路
−	減算回路
*	乗算回路

算術演算子「+」と「−」を使用した記述は全加算器を並べた加算器の記述よりも効率的な回路が生成される．しかし，乗算に算術演算子「*（アスタリスク）」を使用した場合には，並列型乗算回路が生成され，これに多量のゲート（gate，論理回路要素）が使用されるので，注意が必要である．

例題7.1 次に示す8 bitの2の補数表示整数の減算を式(7.1)を用いて行え．
(1) 00101110 − 10110101
(2) 11010010 − 01001011

解 (1) 00101110 − 10110101 = 00101110 + $\overline{10110101}$ + 1
　　　　　　　　　　　　 = 00101110 + 01001010 + 1 = 01111001
(2) 11010010 − 01001011 = 11010010 + $\overline{01001011}$ + 1
　　　　　　　　　　　　 = 11010010 + 10110100 + 1 = 10000111

7.2 累算式演算回路

累算式演算装置とは図 7.2 のように，演算回路中に累算器（accumulator）と呼ばれるレジスタを含み，そのレジスタの値 A と他の値 B との演算を行い，その演算結果で累算レジスタの値 A が置き替わるものである．この方式の演算装置は，演算の対象となる 3 個のレジスタ（たとえば，加算の場合は，被加数レジスタ，加数レジスタおよび和レジスタ）のうちの 2 個が累算器に特定されているので，演算時には残りの 1 個のレジスタを指定するだけでよいなど，演算操作が簡単である．したがって，初期のコンピュータの演算装置として多く使用されていたほか，現在でも簡単なプロセッサには多く使用されている．ALU（Arithmetic Logical Unit，算術論理演算装置）は制御信号 CNT により算術演算や論理演算の機能を選択して実行する回路である．

図 7.2 の累算式演算回路を設計してみよう．設計条件は次のとおりである．

(1) データ語長は 16 bit とし，3 bit の制御信号 CNT に対して ALU の機能は表 7.2 のように定められているものとする．
(2) 動作は，図 7.3 に示すように，$CLOCK$ 信号の上がりエッジに同期して行い，入力 $E=1$ のときだけ，ALU 出力をレジスタ ACC に書き込むものとする．

図 7.2 累算式演算回路

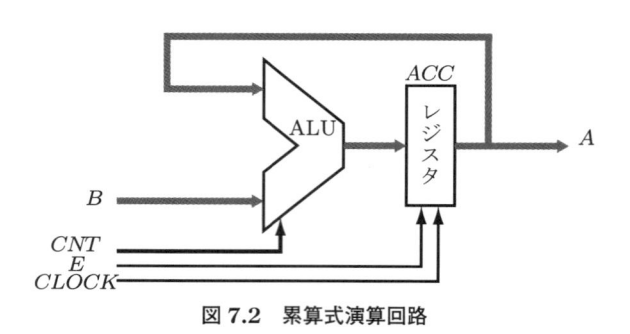

表 7.2 ALU の機能

CNT	ALU の機能	CNT	ALU の機能
"000"	"00…0" を出力	"100"	ACC and B を出力
"001"	B を出力	"101"	ACC or B を出力
"010"	$ACC+B$ を出力	"110"	ACC xor B を出力
"011"	$ACC-B$ を出力	"111"	not A を出力

7.2 累算式演算回路

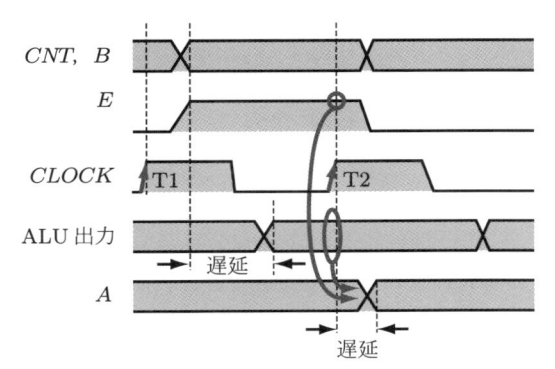

図 7.3 信号タイミング

リスト 7.3　累算式演算装置

```
library IEEE;
use IEEE.STD_LOGIC_1164.ALL;
use IEEE.STD_LOGIC_UNSIGNED.ALL;

entity ALU_ACC is
 Port( A:out std_logic_vector(15 downto 0);
       B:in std_logic_vector(15 downto 0);
       CNT:in std_logic_vector(2 downto 0);
       CLOCK,E:in std_logic );
end ALU_ACC;

architecture Behavioral of ALU_ACC is
 signal ACC:std_logic_vector(15 downto 0);     ● 累算レジスタ
begin
A<=ACC;
process(CLOCK)
 begin
  if CLOCK'event and CLOCK='1' then
   if E='1' then
    case CNT is
     when "000" => ACC<=(15 downto 0 =>'0');
     when "001" => ACC<=B;
     when "010" => ACC<=ACC+B;
     when "011" => ACC<=ACC-B;
     when "100" => ACC<=ACC and B;
     when "101" => ACC<=ACC or B;
     when "110" => ACC<=ACC xor B;
     when "111" => ACC<=not ACC;
     when others => null;
    end case;
```

リスト 7.3 （つづき）
```
    end if;
   end if;
  end process;
 end Behavioral;
```

　リスト 7.3 は累算式演算装置の VHDL 記述である．signal 宣言文は累算レジスタを定義している．レジスタ ACC の書き込みを $CLOCK$ に同期して行うために，process 文の起因リストには $CLOCK$ を記述する．さらに，process 文内の「if CLOCK' event and CLOCK='1' then if E='1' then …」は $CLOCK$ の立ち上がりエッジに同期して，E が 1 のときだけ，演算の結果を累算レジスタ ACC に書き込むものである．

　ALU の機能は，信号 CNT の値を条件にした case 文によって，表 7.2 に示すとおりに選択される．なお，信号 CNT は 3 bit であり，"000"～"111" のすべての条件を記述しているが，値としては他に "XXX" や "ZZZ" などもあるので，when others を記述しなければならない．そのような場合の動作は想定してはいないので，ここでは，何もしないことを表す null 文を記述している．

例題 7.2　リスト 7.3 では，case 文の「when others 」に null 文を用いているが，この null 文を用いないとすればどのような記述となるか．
解　リスト 7.3 において，実際に，CNT = 000 ～ 111 以外の値で動作することは考えられないので，

```
when "111" => ACC<=not ACC;
when others => null;
```

の 2 行をまとめて，

```
when others => ACC <= not ACC;
```

として，CNT = 111 を others に含めてもよい．

7.3　コンピュータ用演算回路

　コンピュータの演算装置には，乗除算を別とすれば，加減算や論理演算のほかにシフト演算が必要である．また，「桁あふれが生じて正しくない結果となっている」，あるいは，「演算結果が 0 になっている」などの演算結果の状態情報も必要である．さ

7.3 コンピュータ用演算回路

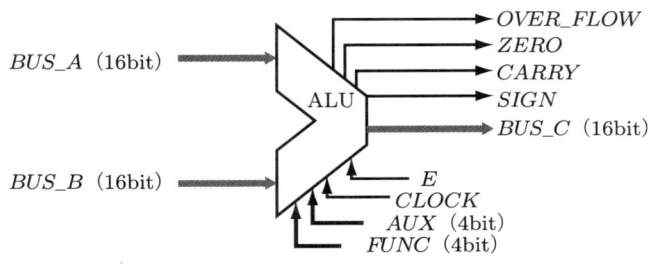

図 7.4 コンピュータ用演算回路

らに，コンピュータはメモリアドレスなどもデータの一つとして取り扱っているので，「命令によるデータ演算」に付随して，その前後で，その命令を実行するための「メモリアドレスを決定する演算」が同じ演算装置を使用して行われる．たとえば，次の命令を取り出すためにプログラムカウンタ（program counter）を +1 する演算や現在のメモリアドレスにインデクスレジスタ（index register）の値を加算する演算などがある．したがって，演算結果の状態情報は，この付随演算である「メモリアドレスを決定する演算」の影響を残さず，「命令によるデータ演算」の結果だけを残さなければならない．

ここでは図 7.4 に示すような，他の回路から送られる 16 bit の BUS_A，BUS_B の信号の加減算や論理演算を行って 16 bit の BUS_C に返すような 2 の補数表示整数演算装置を設計してみよう．なお，4 bit 入力 $FUNC$ は演算機能の選択を行う信号である．また，4 bit 入力 AUX はシフト演算時のシフト bit 数を与える演算補助入力である．

7.3.1　設計要件

整理した設計要件は次のとおりである．
(1) 表 7.3 のとおりに，4 bit 信号 $FUNC$ の値に従った動作を行う．
(2) 「命令によるデータ演算」動作と「メモリアドレス決定演算」動作とを区別する信号 E を設ける．$E=0$ の場合には「メモリアドレス決定演算」動作とし，演算結果の状態情報には影響を及ぼさない．また，$E=1$ の場合には「命令によるデータ演算」動作とし，演算結果の状態情報をセットする．演算結果の状態情報については，演算結果がオーバーフローした場合には $OVER\_FLOW=1$，演算結果が 0 となった場合には $ZERO=1$，演算結果に桁上げが生じた場合には $CARRY=1$ とし，演算結果の正負を示す $SIGN$ には BUS_C の MSB（符号桁）を写す．
(3) レジスタ（フリップフロップ）は演算結果の状態情報の保持だけに使用し，そ

表 7.3　演算機能表

FUNC	演算機能	FUNC	演算機能
0000	$BUS\_A + BUS\_B \rightarrow BUS\_C$	1000	BUS_A xor $BUS\_B \rightarrow BUS\_C$
0001	$BUS\_A - BUS\_B \rightarrow BUS\_C$	1001	not $BUS\_A \rightarrow BUS\_C$
0010	$BUS\_B + 1 \rightarrow BUS\_C$	1010	BUS_A sll $N \rightarrow BUS\_C$
0011	$BUS\_B - 1 \rightarrow BUS\_C$	1011	BUS_A srl $N \rightarrow BUS\_C$
0100	$BUS\_A + BUS\_B + C \rightarrow BUS\_C$	1100	BUS_A sla $N \rightarrow BUS\_C$
0101	$BUS\_A + BUS\_B + C \rightarrow BUS\_C$	1101	BUS_A sra $N \rightarrow BUS\_C$
0110	BUS_A and $BUS\_B \rightarrow BUS\_C$	1110	BUS_A rol $N \rightarrow BUS\_C$
0111	BUS_A or $BUS\_B \rightarrow BUS\_C$	1111	BUS_A ror $N \rightarrow BUS\_C$

表 7.4　シフト演算子

演算子	意味
sll（shift left logical）	論理左シフト
srl（shift right logical）	論理右シフト
sla（shift left arithmetic）	算術左シフト
sra（shift right arithmetic）	算術右シフト
rol（rotate left logical）	論理左回転
ror（rotate right logical）	論理右回転

の他の回路には一切使用しない．

（4）レジスタへの書き込みは CLOCK の立ち上がり同期とする．

　本設計には関係しないが，参考として，コンピュータにおけるこの ALU の機能について説明する．FUNC＝0010，および，FUNC＝0011 のときの演算は，プログラムカウンタやスタックポインタ（stack pointer）などのレジスタ内容を更新する場合に利用される．FUNC＝0100，および，0101 のときの演算は，直前に行った加減算結果の桁上り CARRY も同時に加減算できるようにするもので，倍長の加減算に利用される．

　FUNC＝1010〜1111 はシフト関係の演算である．演算子の意味は表 7.4 のとおりであるが，その詳細は次節に述べる．なお，シフトする bit 数は演算補助入力 AUX で与えられる．

7.3.2　VHDL 記述

　リスト 7.4 にコンピュータ用演算回路の VHDL 記述を示す．entity 部の port は図 7.4 のインターフェースのとおりである．

7.3 コンピュータ用演算回路

リスト 7.4 コンピュータ用演算回路の記述

```vhdl
library IEEE;
use IEEE.STD_LOGIC_1164.ALL;
use IEEE.STD_LOGIC_UNSIGNED.ALL;

entity ALU is
 port( RESET,CLOCK,E:in std_logic;
       FUNC,AUX:in std_logic_vector(3 downto 0);
       CARRY,SIGN,ZERO,OVER_FLOW:out std_logic;
       BUS_A,BUS_B:in std_logic_vector(15 downto 0);
       BUS_C:out std_logic_vector(15 downto 0) );
end ALU;

architecture Behavioral of ALU is
 signal W,X,Y:std_logic_vector(16 downto 0);
 signal OVF,CRY,SGN,ZR,C_16:std_logic;
begin
OVER_FLOW<=OVF;       CARRY<=CRY;           ← 出力
SIGN<=SGN;            ZERO<=ZR;
BUS_C<=W(15 downto 0);
X<='0' & BUS_A;   Y<='0' & BUS_B;           ← 17 bit 正整数化
C_16<=BUS_A(15) xor BUS_B(15) xor W(16);    ← 17 bit 拡張演算結果の符号
process(RESET,CLOCK) begin    ←①
 if RESET='1' then OVF<='0'; CRY<='0'; SGN<='0'; ZR<='0';
  elsif CLOCK'event and CLOCK='1' then
    if E='1' then
      OVF<=C_16 xor W(15);                  ← オーバーフロー検出
      CRY<=W(16);                           ← 桁上げ（carry）
      SGN<=W(15);                           ← 符号（0―正，1―負）
      ZR<=not( W(15)or W(14)or W(13)or W(12)or W(11)or W(10)or W(9)or W(8)
            or W(7)or W(6)or W(5)or W(4)or W(3)or W(2)or W(1)or W(0) );
      end if;                               ← ゼロ検出
     case FUNC is    ←②
      when "0000" => W<=X+Y;
      when "0001" => W<=X-Y;
      when "0010" => W<=Y+1;
      when "0011" => W<=Y-1;
      when "0100" => W<=X+Y+CRY;
      when "0101" => W<=X-Y-CRY;
      when "0110" => W<=X and Y;
      when "0111" => W<=X or Y;
      when "1000" => W<=X xor Y;
      when "1001" => W<=not X;
          when "1010" => W(16)<='0'; W(15 downto 0)<=
      to_stdlogicvector( to_bitvector(BUS_A) sll conv_integer(AUX) );  ←③
      when "1011" => W(16)<='0'; W(15 downto 0)<=
          to_stdlogicvector( to_bitvector(BUS_A) srl conv_integer(AUX) );  ←④
      when "1100" => W(16)<='0'; W(15 downto 0)<=
```

第 7 章　演算回路の設計

リスト 7.4　（続き）

```
              to_stdlogicvector( to_bitvector(BUS_A) sla conv_integer(AUX) );
    when "1101" => W(16)<='0'; W(15 downto 0)<=
              to_stdlogicvector( to_bitvector(BUS_A) sra conv_integer(AUX) );
    when "1110" => W(16)<='0'; W(15 downto 0)<=
              to_stdlogicvector( to_bitvector(BUS_A) rol conv_integer(AUX) );
    when "1111" => W(16)<='0'; W(15 downto 0)<=
              to_stdlogicvector( to_bitvector(BUS_A) ror conv_integer(AUX) );
    when others => W<=(others=>'X');      ────⑤
    end case;
  end if;
 end process;
end Behavioral;
```

　architecture 部の signal 文は 17 bit の作業用信号 W, X, Y を定義している．これは，16 bit の加減算での桁上げとオーバーフローとを知るために，演算を 17 bit で行うために設けたものある．W を演算の途中結果とし，BUS_A および BUS_B の最上位に 0 を付加して 17 bit 正整数化したものが X および Y となる．また，OVF, CRY, SIGN, ZR はレジスタ（フリップフロップ）であり，演算結果の状態を保持する．すなわち，これらの信号は，コンピュータにおいては，まず，演算関係命令が実行され，その後，演算結果の状態を検査する命令が実行されるようにプログラムの構成がなされるので，次の演算関係命令実行がなされるまで，その演算結果の状態を保持しなければならない．

　同時文の最初の 5 個の代入文は出力である．すなわち，順に，オーバーフロー信号，桁上げ信号，符号信号，ゼロ信号を出力し，W の 15〜0 ビットを BUS_C として出力している．X, Y については，先に述べたとおりに，BUS_A, BUS_B を 17 bit 正整数化したものを写している．C_16 は 17 bit 拡張演算結果の符合である．

　加減算時のオーバーフローは次のようにして検出できる．

　『16 bit の 2 の補数表示整数を A, B, これらの最上位に符号桁（$A(15)$, $B(15)$）を重付加して 17 bit に拡張した数を A', B' とする．17 bit 演算 $C' = A' \pm B'$ において，

$$C'(16) \neq C'(15) \text{ であるならば 16 bit 演算 } A \pm B \text{ はオーバーフロー}$$

(7.2)

ここに，$C'(15)$ は $A \pm B$ の結果の最上位ビットに等しい．また，$C'(16)$ に関しては次の関係がある．

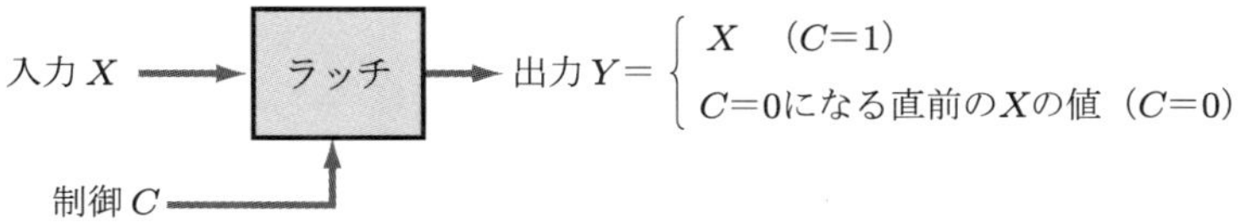

7.3 コンピュータ用演算回路

入力 X → ラッチ → 出力 $Y = \begin{cases} X & (C=1) \\ C=0 になる直前の X の値 & (C=0) \end{cases}$

制御 C

図 7.5　ラッチ回路

$$C'(16) = A(15) \pm B(15) \pm (A \pm B \text{ の桁上げ})$$
$$= A(15) \text{ xor } B(15) \text{ xor } (A \pm B \text{ の桁上げ}) \tag{7.3}$$

〚複合同順〛

ここでは，$C'(16)$ は C_16 に，A は BUS_A に，B は BUS_B に，$A \pm B$ の桁上げは $W(16)$ に対応しているので，論理演算「C_16 xor W(16)」でオーバーフローの検出をすることができる．

①で示した process 文では，演算結果の状態レジスタへの書き込みを行っている．すなわち，クロック信号 CLOCK に同期して，書き込み許可（enable）信号 E が 1 のときだけ書き込む．

②で示した case 文は FUNC で選択される演算を記述している．ここで，このブロックで値が代入される信号（ここでは W だけ）を，case 文の条件すべてに対応して値の代入がなされるように記述して，ここのブロックがすべて論理回路だけで生成されるようにしている．もし，③で示した記述を，$W(16)$ は論理演算には無関係であるので，演算しても意味がないとして，$W(16)$ を省略し，「when 0110=> W(15 dwonto 0)<=BUS_A and BUS_B;」とすれば，この条件 0110 ときには，$W(16)$ には値の代入がないため，VHDL においては，$W(16)$ は直前の代入値の保持と解釈され，単体の $W(16)$ がラッチ（フリップフロップ）として余分に生成される．ラッチとは図 7.5 のように，制御 C が 1 の間は単に入力 X を透過出力するだけであるが，C が 0 になると，その直前の X の値（0 または 1）を保持し続ける回路である．

④の文は BUS_A を AUX の値 bit だけ論理左シフトする記述であり，sll は演算子である．

⑤の文は，条件 FUNC の値が others のとき，W には不定値「'X'」を全桁に書き込んでいる．

■■■シフト演算子

信号 X を Y bit だけシフトして Z を得るシフト演算は次のように記述する．

```
Z<=X sll Y;    論理左シフト (shift left logical)
Z<=X srl Y;    論理右シフト (shift right logical)
```

VHDL	機能
`Z<=X sla Y;`	算術左シフト (shift left arithmetic)
`Z<=X sra Y;`	算術右シフト (shift right arithmetic)
`Z<=X rol Y;`	論理左回転 (rotate left logical)
`Z<=X ror Y;`	論理左回転 (rotate right logical)

ここに，X および Z は bit_vector 型，または，boolean_vector 型，Y は integer 型でなければならない．したがって，通常使用する std_logic_vector 型信号をシフト演算する場合は，表 7.5 に示す型変換関数を介して記述する必要がある．

表 7.5 型変数関数

機　　能	関　　数
std_logic_vector 型 → bit_vector 型	`to_bitvector (S)`
bit_vector 型 → std_logic_vector 型	`to_stdlogicvector (B)`
std_logic_vector 型 → integer 型	`CONV_INTEGER (S)`

ここに，S は std_logic_vector 型変数，B は bit_vector 型変数である．なお，この型変換関数を記述しても，実際に生成される回路には，型変換関数に対応する回路は存在しない．型変換は VHDL 論理上の概念である．

図 7.6 は各シフト演算子から生成されるシフタ (shifter) 回路であり，図 7.7 はそのシフタの動作状況を 2 bit シフトの例について示したものである．なお，rol および ror は，図 7.7 (c) のように，最左ビットと最右ビットを連結して環状にシフトするものである．

最後に，この演算回路の動作タイミングを図 7.8 に示す．クロック CLOCK の立ち上りエッジ T1 に同期して BUS_A，BUB_B，E などの各信号が与えられるとすれば，T1 から回路の特性で決まる遅延時間後にその値は確定①する．また，この信号を入力とする回路の出力である BUS_C は，さらに遅延してその値は確定②する．ところが，演算結果の状態信号 ZERO などは，$E=1$ のときだけ，CLOCK の立ち上りに同期して値が書き込まれるので，次のクロックの立ち上り T2 からその書き込みに要する遅延時間後に値が確定する③．すなわち，演算結果の状態信号は次の操作

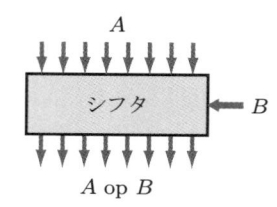

図 7.6 シフト回路（op は演算子を示す）

7.3 コンピュータ用演算回路

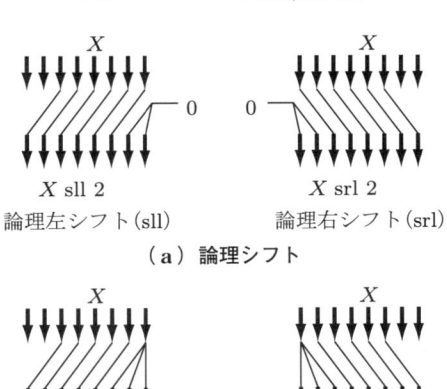

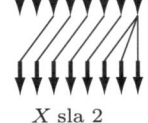

X sll 2
論理左シフト(sll)

X srl 2
論理右シフト(srl)

（a）論理シフト

X sla 2
算術左シフト(sla)

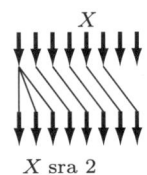

X sra 2
算術右シフト(sra)

（b）算術シフト

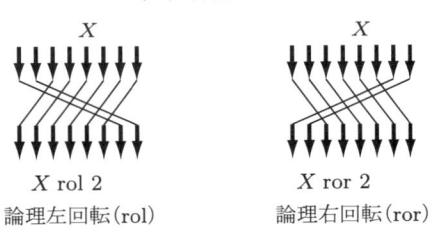

X rol 2
論理左回転(rol)

X ror 2
論理右回転(ror)

（c）論理回転

図 7.7　シフト演算（2 bit の例）

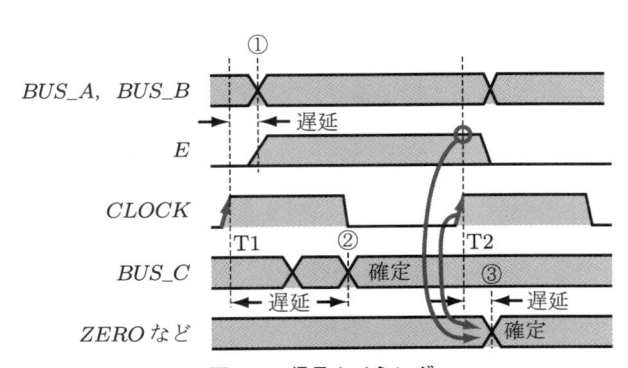

図 7.8　信号タイミング

の初頭で確定することになる．

例題 7.3 シフト演算子 sra を使用しないで，16 bit の 2 の補数表示信号 X を 4 bit だけ算術右シフトさせた信号 X_4 を VHDL 記述せよ．
解 4 bit だけ算術右シフトするその文だけを示す．

```
X_4<=X(15) & X(15) & X(15) & X(15) & x(15 down to 4);
```

演習問題 7

7.1 図 7.9 に示すような 10 進数（BCD 符号）1 桁の加算回路を VHDL 記述せよ．

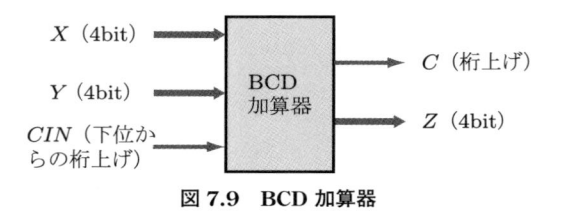

図 7.9 BCD 加算器

入力: X（4bit），Y（4bit），CIN（下位からの桁上げ）
出力: C（桁上げ），Z（4bit）

7.2 前問の回路を下層とする 4 桁の 10 進数加算回路を VHDL 記述せよ．

第8章 乗算器の設計

　この章では，整数の乗算回路の実現に関することを述べる．はじめに，並列型整数乗算と直列型整数乗算について述べる．回路規模が大きくなっても良い場合には，VHDL で乗算の式を書くだけで，並列型整数乗算回路が生成される．また，回路規模を小さくする必要がある場合には直列型整数乗算回路を採用するため，その機構原理および必要動作時間を説明する．

　直列型整数乗算回路の例としては，16 bit 無符号乗算回路の VHDL 記述例，16 bit 2 の補数表示整数乗算回路の VHDL 記述例，および，16 bit 2 の補数表示固定小数点式乗算回路の VHDL 記述例を順次に取り上げる．これらの回路を対比することで乗算器に対する理解を深めてほしい．なお，2 の補数表示整数乗算の原理 (Booth 法) については，正確な理解が必要なので，その理論を解説する．

　最後に，乗算式による並列型整数乗算の VHDL 記述方法と VHDL における除算式の扱いについても言及する．

8.1 並列型乗算器と直列型乗算器

　いま，N bit の被乗数を X，N bit の乗数を $Y(=y_{N-1}y_{N-2}\cdots y_1y_0)$ とすれば，無符号整数 (unsigned integer) の乗算は次の式で表される．

$$X \times Y = 2^{N-1}X \cdot y_{N-1} + 2^{N-2}X \cdot y_{N-2} + \cdots \\ + 2^1 X \cdot y_1 + 2^0 X \cdot y_0 \tag{8.1}$$

$$= 2^N((\cdots((X \cdot y_0) \times 2^{-1} + X \cdot y_1) \times 2^{-1} + \\ \cdots + X \cdot y_{N-2}) \times 2^{-1} + X \cdot y_{N-1}) \times 2^{-1} \tag{8.2}$$

ここに，$X \cdot y_i = \begin{cases} 0 & (y_i = 0) \\ X & (y_i = 1) \end{cases}$ である．

　並列型乗算器は式 (8.1) で示される．$2^{N-1}X$, $2^{N-2}X$, $\cdots$, $2^1 X$, $2^0 X$ のよ

うに被乗数を順次にシフトした N 個の数を作成し，乗数 Y の対応するビットが 1 のものだけを同時に加算するという回路である．演算時間については，結果を積レジスタに書き込むことを考えれば，同時加算の結果が十分に確定した時点で積レジスタに書き込めばよく，1 タイミング時間（1 クロック周期）だけしか必要としない．

直列型乗算器は式 (8.2) で示される．累算式加算器と 1 ビットシフト回路を繰り返し利用する．最初に累算レジスタをクリアしておき，y_i が 1 のときだけ X を累加算し，次に，1 ビット右シフト（$\times 2^{-1}$）する．これを $i = 0, 1, \cdots, N-2, N-1$ に対して繰り返す回路である．右シフトを行った段階の途中結果を部分積とよぶ．なお，式 (8.2) の最初の項 2^N は，以下の項で右シフトを N 回だけ行うために，位取り（小数点位置）が左へ N bit 偏移することを示している．演算時間は，累加算の結果の書き込みを N 回，シフトを N 回必要とするので，$2N$ タイミング時間（$2N$ クロック周期）を必要とする．しかし，後述するように，累加算器での結果の書き込みとシフトを同時に行うことにより，演算時間を N タイミング時間に半減できる．直列型乗算器では，累加算・右シフトの N 回繰り返しを制御する順序回路も必要となる．

8.2 直列型無符号整数乗算器

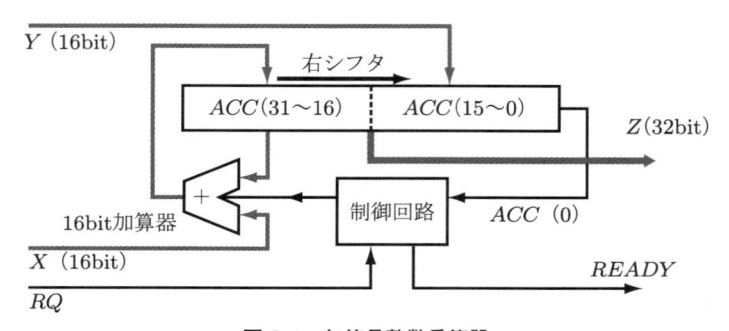

図 8.1 は無符号整数の乗算機構である．16 bit の被乗数 X，16 bit の乗数 Y に対して 32 bit の積 Z を求めるもので，演算途中の部分積を求めるために，32 bit 長の累算器 ACC を有している．原理的には，ACC の上位 16 bit と X との和を ACC の上位へ書き込み，続いて，ACC 全体を右シフトする機構でもよいが，ACC 上位への書き込みと ACC 全体のシフトとが逐次動作となるため，2 タイミング時間を必要として得策ではない．そこで，ACC 上位への書き込みを 1 bit 右へずらした書き込みとし，さらに，ACC 下位の 1 bit 右シフトも同時に行う機構とすれば，1 タイミング時間で済む機構となる．

図 8.1 無符号整数乗算器

8.2.1 制御回路

最初，乗数 Y を累算器 ACC の下位へ置数し，ACC 上位はクリアしておく．次に，ACC 下位（乗数）の最下位ビットの値が 0 であれば右シフトのみ，1 であれば加算と右シフトとを行い，これを 16 回繰り返す．最終的に ACC の値が積 Z である．

制御回路は演算開始要求信号 RQ による演算動作制御，ACC の最下位ビットによる加算の制御，および，演算終了信号 $READY$ の作成を行うものである．図 8.2 は演算動作の状態遷移図である．状態 0 で外部の回路が「X および Y を準備したので演算を要求する」という意味である RQ の上昇（$RQ=1$）を待ち，ACC 上位のクリアと ACC 下位への Y の書き込みを行って状態 1 へ進む．

次に，$ACC(0)=1$ のときだけの加算と右シフトを繰り返しながら状態 2，3，…，17 へ進む．状態 17 では演算終了信号を立てて（$READY=1$ として）状態 18 に進む．ここで，外部の回路が $READY=1$ を確認し，「積 Z を受け取った」という意味である RQ の下降（$RQ=0$）を待ち，最初の状態 0 へ戻る．

図 8.3 は同期の基準となるクロック信号 $CLOCK$ と状態数 Q とを加えた各信号の時間関係を表したものである．強制リセット信号 $RESET$ ①により非同期で $Q=0$ とする．$Q=0$ のときに $RQ=1$ ②が検出されれば，Q を 1 に変更すると同時に X の取り込みと ACC のクリアとを行う．$Q=1$ のときには乗算動作を開始する．$Q=17$ のときには $READY=1$ ③，$Q=18$ とする．外部の回路において $READY=1$ が確認さ

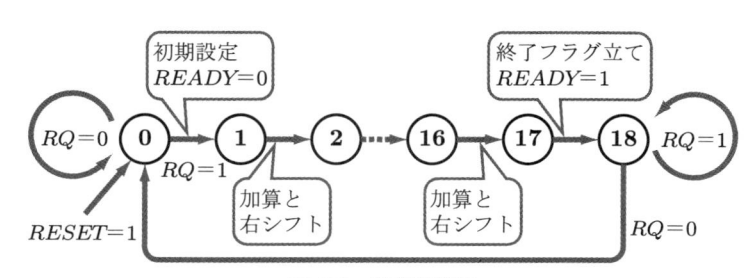

図 8.2 状態遷移図

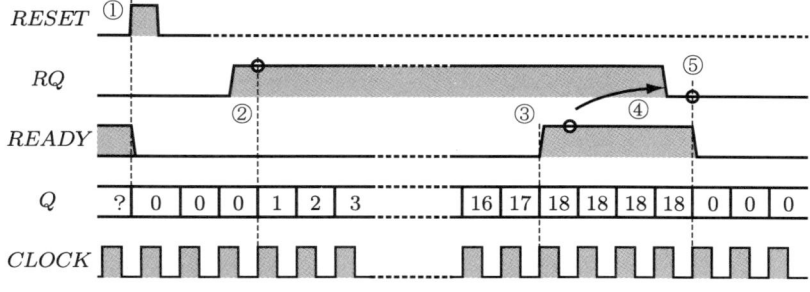

図 8.3 制御タイミング

れたら $RQ=0$ となされる④．したがって，$Q=18$ のときに $RQ=0$ ⑤が検出されれば $READY=0$, $Q=0$ となる．

8.2.2 VHDL 記述

リスト 8.1 は直列型無符号整数乗算器の VHDL 記述である．signal 文の Q は，この内容を出力することやそのビットを使うことがないので integer として宣言している．したがって，case 文においても「12」のように 10 進数の記述ができるので便利である．「range」を付さなければ 32 bit の信号が生成される．よって，ゲートの節約のため，「0 to 18」と実際に使用する範囲を指定して 5bit 信号を明示している．

信号代入文「acc<=(31 downto 16 =>'0') & Y;」は 16 bit の 0 と乗数 Y との連結を作り，ACC に代入し，ACC 上位をクリアし，ACC 下位を Y 代入して，乗算の初期状態を作り出している．なお，クリアの部分は「(31 downto 16 =>'0')」となっているが，暗に ACC の 31～16 ビット部分を連想させるためにこのように記述したもので，「(15 downto 0 =>'0')」でもよい．

信号代入文「ACC<='0' & (ACC(31 downto 16)+X)& ACC(15 downto 1);」は ACC 上位と被乗数 X とを加算し，次に，ACC 全体を 1 ビット右シフトする場合の結果と等しくなるように，順に，0，加算結果，および，下位の 16～1 ビットを連結して ACC に書き込むものである．

リスト 8.1　直列型無符号整数乗算器

```
library IEEE;
use IEEE.STD_LOGIC_1164.ALL;
use IEEE.STD_LOGIC_UNSIGNED.ALL;

entity ABSMLT is
   port (RESET,CLOCK,RQ:in std_logic;
         READY:out std_logic;
         X,Y:in std_logic_vector(15 downto 0);
         Z:out std_logic_vector(31 downto 0) );
end ABSMLT;

architecture Behavioral of ABSMLT is
   signal Q:integer range 0 to 18;       ← 状態値 0～18
   signal ACC:std_logic_vector(31 downto 0);  ← 累算器
begin
Z<=ACC;
process(CLOCK,RESET)
begin
```

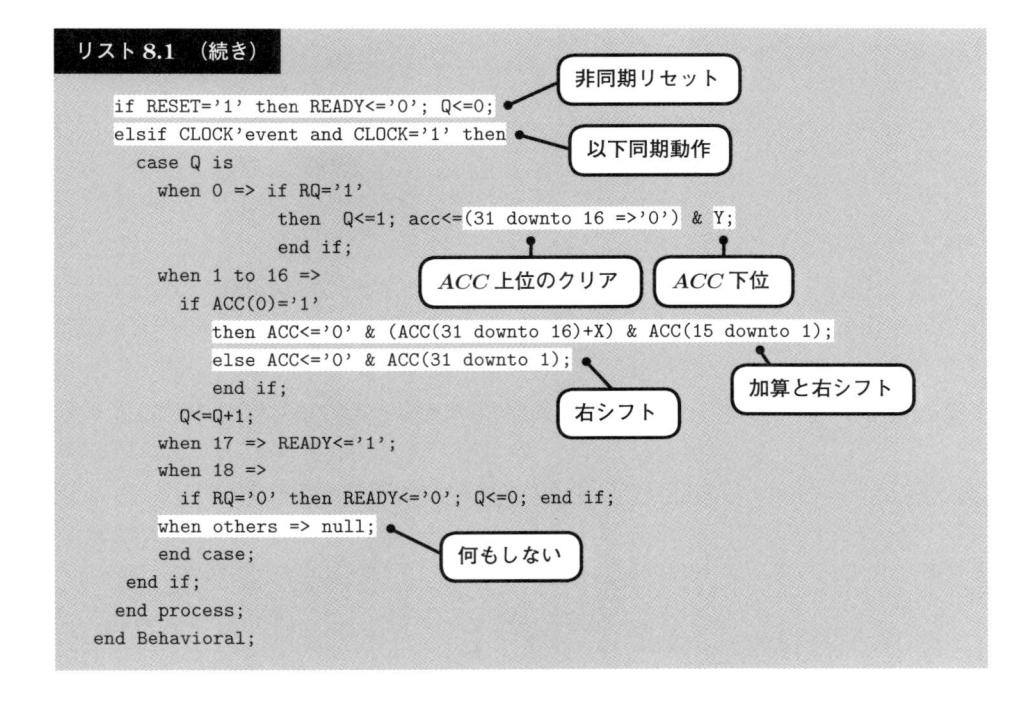

リスト 8.1　(続き)

```
      if RESET='1' then READY<='0'; Q<=0;
      elsif CLOCK'event and CLOCK='1' then
        case Q is
          when 0 => if RQ='1'
                    then  Q<=1; acc<=(31 downto 16 =>'0') & Y;
                    end if;
          when 1 to 16 =>
            if ACC(0)='1'
            then ACC<='0' & (ACC(31 downto 16)+X) & ACC(15 downto 1);
            else ACC<='0' & ACC(31 downto 1);
            end if;
            Q<=Q+1;
          when 17 => READY<='1';
          when 18 =>
            if RQ='0' then READY<='0'; Q<=0; end if;
          when others => null;
        end case;
      end if;
    end process;
end Behavioral;
```

- 非同期リセット
- 以下同期動作
- ACC 上位のクリア
- ACC 下位
- 右シフト
- 加算と右シフト
- 何もしない

8.3　Booth の乗算アルゴリズム

2 の補数表示整数のまま演算を行い，結果も 2 の補数表示整数となるという乗算アルゴリズムとして Booth 法がある．

X, Y を N bit の 2 の補数表示整数とし，乗数 Y を 1 bit 拡張して最下位 Y_{-1}（$=0$）を加え，

$$Y = \sum_{i=-1}^{N-1} 2^i y_i$$

とする．

(i) Y が正のとき（$y_{N-1} = 0$）

X, Y の積は

$$X \times Y = X \times |Y| = X \sum_{i=-1}^{N-1} 2^i y_i$$
$$= ((\cdots((y_{n-1}X) \times 2 + y_{n-2}X) \times 2 + \cdots$$
$$+ y_1 X) \times 2 + y_0 X) \times 2^0 + y_{-1} X \times 2^{-1}$$

$$= (\cdots(((y_{n-1}X) \times 2 + (y_{n-2} - y_{n-1})X) \times 2 + (y_{n-3} - y_{n-2})X) \times 2$$
$$+ \cdots\cdots + (y_0 - y_1)X) \times 2 + (y_{-1} - y_0)X$$
$$= \{\cdots\{\{(y_{n-2} - y_{n-1})X\} \times 2 + (y_{n-3} - y_{n-2})X\} \times 2$$
$$+ \cdots\cdots + (y_0 - y_1)X\} \times 2 + (y_{-1} - y_0)X \tag{8.3}$$

(ii) Y が負のとき ($Y_{N-1} = 1$)

X, Y の積は 2 の補数表示とする必要あるので,

$$X \times Y = 2^{2N-1} - X \times |Y| \tag{8.4}$$

となる.ここで,$Y = 2^N - |Y|$ (2 の補数表示) であり,その絶対値については,

$$|Y| = 2^N - Y = 2^N - 2^{N-1}y_{N-1} - \sum_{i=-1}^{N-2} 2^i y_i = 2^{N-1}y_{N-1} - \sum_{i=-1}^{N-2} 2^i y_i$$

となる.したがって,式 (8.4) は次のようになる.

$$X \times Y = 2^{2N-1} - X\left(2^{N-1}y_{N-1} - \sum_{i=-1}^{N-2} 2^i y_i\right)$$
$$= 2^{2N-1} + ((\cdots((-y_{N-1}X) \times 2 + y_{N-2}X) \times 2 + \cdots + y_1 X)$$
$$\times 2 + y_0 X) \times 2^0 + y_{-1}X \times 2^{-1}$$
$$= 2^{2N-1} + \{\cdots\{\{(y_{N-2} - y_{N-1})X\} \times 2 + (y_{N-3} - y_{N-2})X\}$$
$$\times 2 + \cdots\cdots + (y_0 - y_1)X\} \times 2 + (y_{-1} - y_0)X \tag{8.5}$$

ここで,2^{2N-1} は積の桁数 $2N-1$ を超える数となるので 2 の補数表示法の加減算では無視しなければならない.よって,

$$X \times Y = \{\cdots\{\{(y_{N-2} - y_{N-1})X\} \times 2 + (y_{N-3} - y_{Nn-2})X\} \times 2 + \cdots$$
$$\cdots + (y_0 - y_1)X\} \times 2 + (y_{-1} - y_0)X \tag{8.6}$$

となり,式 (8.3) と等しくなる.

以上,(i), (ii) により,乗数 Y の正負に無関係に同一アルゴリズムで積を求めることができる.さらに,

$$X \times Y = \{\cdots\{\{(y_{N-2} - y_{N-1})X\} \times 2 + (y_{N-3} - y_{N-2})X\} \times 2 + \cdots$$
$$\cdots + (y_0 - y_1)X\} \times 2 + (y_{-1} - y_0)X$$
$$= (\cdots((\alpha_{N-1}X) \times 2 + \alpha_{N-2}X) \times 2 + \cdots + \alpha_1 X) \times 2 + \alpha_0 X$$

8.3 Boothの乗算アルゴリズム

$$= 2^{n-1}((\cdots((\alpha_0 X)\times 2^{-1} + \alpha_1 X)\times 2^{-1} + \\ \cdots + \alpha_{n-2}X)\times 2^{-1} + \alpha_{n-1}X) \qquad (8.7)$$

ここに，$\alpha_i = \begin{cases} 0 & (y_i = y_{i-1}) \\ -1 & (y_i = 1, y_{i-1} = 0) \\ 1 & (y_i = 0, y_{i-1} = 1) \end{cases}$

となり，下位桁の方から右シフトを使用して繰り返し演算操作を行うことができる．すなわち，最下位の y_0, y_{-1} から始めて，Y の隣り合うビットが 01 の場合は X を加算し，10 の場合は X を減算し，00 または 11 の場合は何もしないで，そして，その結果を算術右シフトすることを繰り返せばよい．ただし，最終の y_{N-1}, y_{N-2} の場合には右シフトを行わない．また，右シフトは 2 の補数表示数では算術右シフトでなければならない．

● **例題 8.1** 5 ビットの 2 の補数表示数の乗算 01001×10111 を Booth 法で行え．
解 計算の過程を表 8.1 に示す．

表 8.1 2 の補数表示整数の乗算の過程

i	α_i	操作	経過	備考
0	10	減算	00000 − 01001	
		右シフト	10111 110111	算術右シフト
1	11	右シフト	1110111	算術右シフト
2	11	右シフト	11110111	算術右シフト
3	01	加算	11110111 + 01001	
		右シフト	00111111 000111111	算術右シフト
4	10	減算	000111111 − 01001 110101111	最後は右シフトしない！

8.4 直列型2の補数表示整数乗算器

図 8.4 は 16 bit の被乗数 X, および, 16 bit の乗数 Y に対して 31 bit の積 Z を求める2の補数表示整数の乗算器の機構である. ACC は 32 bit のレジスタで, その上位 16 bit は累算器となっている.

8.4.1 制御回路

最初, ACC の上位をクリアして, 下位には乗数 Y を置数し, さらに, ACC の最下位に続く 1 bit の拡張レジスタ B をクリアして演算を開始する. 演算の最終において ACC の上位 31 bit に積 Z が得られる.

図 8.5 に制御の状態遷移図を示す. 制御は, 8.3.1 と同様に, 状態 0 で乗算開始要求信号 $RQ=1$ により演算を開始し, 状態を 1 〜 16 と変化しながら, ACC の最下位ビットとレジスタ B の値により加減算等を制御して累算を管理し, 状態 16 において, $READY=1$ として演算を終了し, 状態 17 で $RQ=0$ となるのを待ち, 次の乗算要求に備えて, 回路を初期状態に戻すものである.

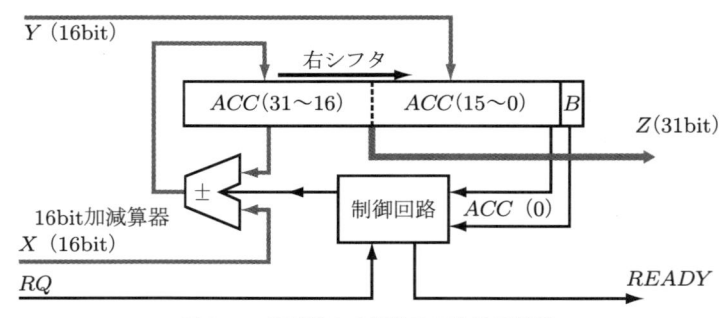

図 8.4 直列型2の補数表示整数乗算器

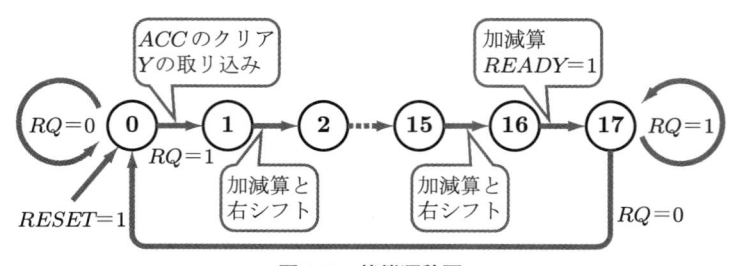

図 8.5 状態遷移図

8.4.2 VHDL 記述

リスト 8.2 は 2 の補数表示整数直列乗算器の VHDL 記述である．インターフェースはリスト 8.1 の無符号整数直列乗算器と同様である．signal 文の B は乗数の最下位拡張 1 bit レジスタである．WA, WB は ACC 上位と乗数 Y との加算および減算の結果であり，architecture 部の begin の直後に，同時文「WA<=ACC(31 downto 16)+Y;」および「WB<=ACC(31 downto 16)-Y;」としてその回路を記述している．

繰り返し累算については，if 文中に「$ACC(0)=1$ かつ $B=0$」，および，「$ACC(0)=0$ かつ $B=1$」の 2 条件だけを明示しているが，else の場合の条件は「$ACC(0)=0$ かつ $B=0$」または「$ACC(0)=1$ かつ $B=1$」である．すなわち，$ACC(0)=B$ が else の場合の条件である．

Q が $1\sim15$ のときには，「$ACC(0)=1$ かつ $B=0$」のときの演算は減累算と右シフトであるので，符号 $ACC(31)$，減算「ACC(31 downto 16)-X」，ACC 下位 ($ACC(15 downto 1)$) を順次連結して ACC に書き込むと同時に $ACC(0)$ を拡張レジスタ B へ写し，減累算と算術右シフトを同時に行うように記述している．「$ACC(0)=0$ かつ $B=1$」のときの演算は加累算と右シフトであるので，同様に，累加算と算術右シフトを同時に行うように記述している．なお，最終状態である Q が 16 の場合の演算は加累算または減累算のみであり，右シフトは行わない．

リスト 8.2　直列型 2 の補数表示整数乗算器

```
library IEEE;
use IEEE.STD_LOGIC_1164.ALL;
use IEEE.STD_LOGIC_UNSIGNED.ALL;
entity MULTIPLIER2 is
   Port (RESET,CLK,RQ:in std_logic;
         RDY:out std_logic;
         X,Y:in std_logic_vector(15 downto 0);
         Z:out std_logic_vector(30 downto 0) );
end MULTIPLIER2;

architecture Behavioral of MULTIPLIER2 is
   signal Q:integer range 0 to 17;          -- 状態値＝0～17
   signal ACC:std_logic_vector(31 downto 0); -- 累算部
   signal B:std_logic;                       -- 拡張レジスタ
   signal WA,WB:std_logic_vector(15 downto 0);
begin
Z<=ACC(31 downto 1);
WA<=ACC(31 downto 16)+X;                     -- 加算器
WB<=ACC(31 downto 16)-X;                     -- 減算器
process(CLK,RESET)
   begin
   if RESET='1' then RDY<='0'; Q<=0;
```

リスト 8.2 （続き）

```
    elsif CLK'event and CLK='1' then
      case Q is
        when 0 =>
          if RQ='1' then Q<=1; acc<=(31 downto 16 =>'0') & Y;
            B<='0'; end if;
        when 1 to 15 =>
          if ACC(0)='1' and B='0'
            then ACC<=WB(15) & WB & ACC(15 downto 1);   ← 減算と算術右シフト
              B<=ACC(0);
          elsif ACC(0)='0' and B='1'
            then ACC<=WA(15) & WA & ACC(15 downto 1);   ← 加算と算術右シフト
              B<=ACC(0);
          else ACC<=ACC(31) & ACC(31 downto 1);         ← 算術右シフト
          end if;
          Q<=Q+1;
        when 16 =>
          if ACC(0)='1' and B='0'
            then ACC(31 downto 16)<=WB;                 ← 加減算のみ
          elsif ACC(0)='0' and B='1'                       （シフトなし）
            then ACC(31 downto 16)<=WA; end if;
          Q<=Q+1; RDY<='1';
        when 17 => if RQ='0' then RDY<='0'; Q<=0; end if;
        when others => null;
    Port (RESET,CLK,RQ:in std_logic;
      end if;
  end process;
end Behavioral;
```

8.5 直列型2の補数表示固定小数点乗算器

　無符号整数乗算において，被乗数，乗数，および，積の関係を図示すれば図 8.6（a）のようになる．ここで，被乗数および乗数のいずれも小数点が左端にある数と考えれば，図 8.6（b）のようになる．ここで，積の bit 長は倍長となっているので，その下

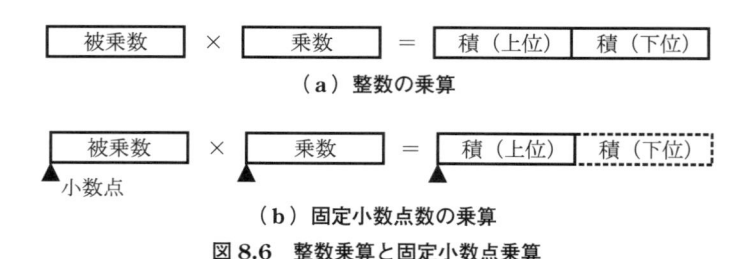

```
    ┌─────┐   ┌───┐   ┌─────┐┌─────┐
    │被乗数│ × │乗数│ = │積（上位）││積（下位）│
    └─────┘   └───┘   └─────┘└─────┘
              （a）整数の乗算

    ┌─────┐   ┌───┐   ┌─────┐┌─────┐
    │被乗数│ × │乗数│ = │積（上位）││積（下位）│
    └─────┘   └───┘   └─────┘└─────┘
    ▲小数点    ▲        ▲
            （b）固定小数点数の乗算
         図 8.6 整数乗算と固定小数点乗算
```

8.5 直列型2の補数表示固定小数点乗算器

位を丸めて，上位だけを積として使用することができる．このような乗算器を固定小数点乗算器という．なお，2の補数表示数の先頭ビットは符号の意味を有しているので，仮想する小数点の位置は先頭ビットと次のビットとの間に存在する．

浮動小数点演算は数の大小にあまり気を使わないで良いが，その回路の規模は比較的に膨大であるので，コンピュータやDSP (digital signal processor) のプロセッサのように演算回路1個があればよいという場合以外は問題である．たとえば，32 bitの浮動小数点加減算回路は数万ゲート規模にもなる．したがって，乗算器を多用する装置において，被乗数および乗数を1に近い少数値に正規化できるような場合には，この固定小数点方式の乗算器は比較的小規模の回路で実現できるので，きわめて有用である．

リスト8.3に直列型2の補数表示固定小数点乗算器のVHDL記述を示す．2の補数表示固定小数点乗算器についてはリスト8.3に示したものと機構的には同じであり，積の下位部を丸める回路を付加し，乗算結果を積の上位16 bitのみとするだけである．丸めは，下位桁の先頭ビットが1である場合に，上位桁に1を加算する（切り上げ）．

リスト8.3　直列型2の補数表示固定小数点乗算器

```
library IEEE;
use IEEE.STD_LOGIC_1164.ALL;
use IEEE.STD_LOGIC_UNSIGNED.ALL;

entity MULTIPLIER22 is
   Port (RESET,CLOCK,RQ:in std_logic;
         READY:out std_logic;
         X,Y:in std_logic_vector(15 downto 0);
         Z:out std_logic_vector(15 downto 0) );
end MULTIPLIER22;

architecture Behavioral of MULTIPLIER22 is
  signal Q:integer range 0 to 17;
  signal ACC:std_logic_vector(31 downto 0);
  signal B:std_logic;
  signal WA,WB:std_logic_vector(15 downto 0);
begin
Z<=ACC(31 downto 16)+ACC(15);     ← 下位を丸める
process(CLOCK,RESET)
WA<=ACC(31 downto 16)+X;
WB<=ACC(31 downto 16)-X
  begin
  if RESET='1' then READY<='0'; Q<=0;
  elsif CLOCK'event and CLOCK='1' then
```

リスト 8.3 （続き）

```
    case Q is
      when 0 =>
        if RQ='1' then Q<=1; acc<=(31 downto 16 =>'0') & Y; B<='0'; end if;
      when 1 to 15 =>
        if ACC(0)='1' and B='0'
           then ACC<=WB(15) & WB & ACC(15 downto 1); B<=ACC(0);
        elsif ACC(0)='0' and B='1'
           then ACC<=WA(15) & WA & ACC(15 downto 1); B<=ACC(0);
        else ACC<=ACC(31) & ACC(31 downto 1); end if;
        Q<=Q+1;
      when 16 =>
        if ACC(0)='1' and B='0'
           then ACC(31 downto 16)<=WB;
        elsif ACC(0)='0' and B='1'
           then ACC(31 downto 16)<=WA; end if;
        Q<=Q+1; READY<='1';
      when 17 => if RQ='0' then READY<='0'; Q<=0; end if;
      when others => null;
      end case;
    end if;
  end process;
end Behavioral;
```

8.6 VHDLにおける並列型整数乗算と除算

乗算回路について，使用するゲート数に余裕がある場合は並列型の乗算器を使用する方が，記述も容易で，動作も高速である．ここでは，無符号整数乗算と2の補数表示整数乗算の記述方法を説明する．

無符号整数乗算の場合，16 bit 被乗数を X，16 bit 乗数を Y，32 bit 積を Z とすれば，signal 文には，

```
signal X,Y:integer range 0 to 65536;
signal Z:integer 0 to 4294967295;
```

と定義し，回路部は

```
Z<=X*Y;
```

と並列回路演算子「*」を使用して記述する．ここに，$429467296 = 2^{32}$ である．一般に，integer 型に幅を付けなければ 32 bit データと解釈されるので，ここでは，「0 to 4294967295」を省略してもよい．

演習問題8

2の補数表示整数乗算の場合は，Z は 31 ビットとなるので，

```
signal X,Y:integer range -32768 to 32767;
signal Z:integer range -107341824 to 107341823;
```

と定義し，回路部は

```
Z<=X*Y;
```

と並列回路演算子「*」を使用して記述する．ここに，$107341824 = 2^{30}$ である．

図 8.7 に示す2の補数表示固定小数点の場合は，Z も 16 bit とし，

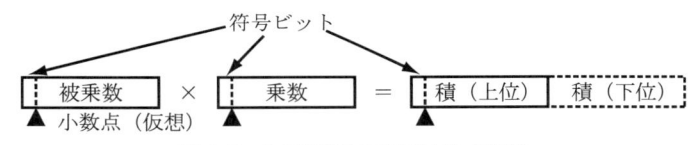

図 8.7　2 の補数表示固定小数点乗算

```
signal Z:integer range -32768 to 32767;
```

と定義し，回路部は次のように記述する．

```
Z<=X*Y/32768;
```

ここに，「/32768」は通常の除算ではなく，$32768 = 2^{15}$ であるので，15 bit の算術右シフト回路となる．すなわち，VHDL では，除算記号「/」は右シフト回路として解釈されるので，その右辺は 2 のべきでなければならない．記号「/」が通常の除算として解釈されるのは，データの型が float（浮動小数点）の場合である．ただし，この float 型は一般的な VHDL 処理系では取り扱われていない．

演習問題 8

8.1　次の 2 の補数表示整数の乗算を Booth 法で行え．
  (a)　00101010 × 00111001 =
  (b)　00101010 × 11000111 =
  (c)　11010110 × 11000111 =

8.2　次の 2 の補数表示固定小数点数の乗算結果を示せ．ただし，小数点は MSB の次にある．
  01101010 × 10000111 = $\mathrm{1\cdots}$

第 8 章　乗算器の設計

8.3　リスト 8.1 の右シフトの部分をシフト演算子 srl を使用して書き換えよ

8.4　直列形無符号整数除算器の VHDL 記述を試みよ．ただし，被除数 X は 32 bit，除数 Y，商 Z および剰余 R は 16 bit とする．また，

$$X(31 \sim 16) < Y$$

であるものとする．

第9章 シリアルデータ回路の設計

　多ビットの信号を距離が離れている別の回路(別の装置)に送信する場合，信号の全ビットを同時に送信せず，信号の各ビットを，順に，1ビットずつ，タイミングを取って送信することが多く行われている．この伝送方式は，テレビのリモートコントローラなど，我々の周辺に多く見られるので，この伝送方式の制御回路を取り上げる．はじめに，信号を1ビットずつ伝送する方式の原理や実際の信号形式などを解説する．続いて，この方式の正確な理解を図るため，受信回路，送信回路の順に，それぞれの制御回路をVHDL記述で設計する．最後に，ここの送信回路を例として，ミーリー機械とムーア機械の概説を行う．

9.1 シリアル信号とパラレル信号

　数メートルを超えるような長距離のディジタルデータの伝送などにおいては，多bitデータをパラレル(parallel, 並列)信号のまま伝送することにすると，伝送特性が良好な多芯ケーブルが必要となる．伝送特性が良好な多芯ケーブルは高価であり経済的な方法ではない．したがって，パラレル信号をシリアル(serial, 直列)信号に変換して，1本の芯線で1ビットづつ伝送する方式が多く使用されている．

　図9.1はパラレルシリアル変換の原理図である．送信側ではパラレル信号をロータリスイッチによりシリアル信号に変換する．受信側では送信側のロータリスイッチと

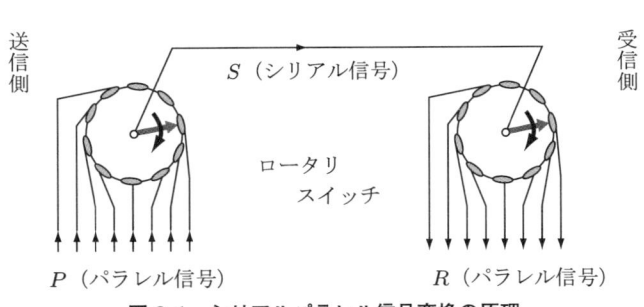

図9.1 シリアルパラレル信号変換の原理

同期して回転しているロータリスイッチでシリアル信号をパラレル信号に戻す．送受のロータリスイッチを同期させる方式には，双方のロータリスイッチを常に同期回転させておく同期型（synchronous type）と呼ばれるものと，一つの符号を送る度に，送受のロータリスイッチの作動を開始させ，1回転だけさせる調歩型（step-by-step type）または非同期型（asynchronous type）と呼ばれるものとがある．受信ロータリスイッチのための同期信号または作動開始信号はシリアル信号に乗せて送られる．

ここでは，調歩シリアル符号伝送を取り上げて，シリアル／パラレル変換回路の学習とする．

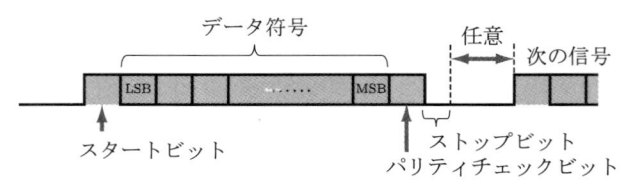

9.2 調歩シリアル符号伝送信号

図9.2は調歩シリアル符号伝送信号の例である．符号が伝送されていないときの信号線の値は0と規定されている．符号の先頭はスタートビットと呼ばれ，その値は1と規定されている．続いて，8bitのデータ符号がLSBから順に送られ，符号のMSBに続いて，データ伝送誤りを検出するためのパリティチェック（parity check）ビットが送られる．伝送符号の最後は1〜2区分時間の休止期間が定められており，この休止期間はストップビット（stop bit）と呼ばれ，その値は0と決められている．したがって，最初は0であった信号線の値が0から1へ立ち上がった時点がデータ伝送の開始であり，符号とパリティビットを含む規定の時間後に信号線の値は再び0に戻る．

区分時間の逆数を伝送速度と呼び，単位bps（bit per second）で表される．伝送速度は300 bps，600 bps，1200 bps，2400 bps，4800 bps，9600 bps，19.2 kbps，38.4 kbpsなどが規定されている．

設計を行う調歩シリアル符号伝送の設計要件を次のとおりとする．

　　伝送速度：9600 bps
　　データ符号：8 bit
　　パリティチェック：偶パリティ
　　ストップビット長：1

図9.2　調歩シリアル符号伝送信号

9.3 受信回路

図 9.3 は調歩シリアル符号伝送の受信回路の主要機構を示したものである．制御回路の動作の概要は次のとおりである．

(1) シリアル信号入力 SIN を見ていて，最初は 0 であったものが 1 になったことでスタートビットを認識する．
(2) 続くデータ符号を規定の区分時間毎にシフトレジスタ SR_R をシフトさせてシリアル信号を取り込む．これをデータ符号ビット分だけ繰り返す．
(3) 最後のデータ符号ビットを取り込み終えた後，SR_R にあるデータ符号を受信バッファ $BUFFER\_R$ に書き込むとともに，パリティチェックビットを取り込み，パリティの検査を行う．
(4) $BUFFER\_R$ にデータを保存したことを外部へ知らせるフラグ $READY\_R$ を立て（値を 1 にする），1 個のデータ信号受信を終了する．
(5) 並行して，外部から受信保存したデータの読み取りが行われた場合にはフラグ $READY\_R$ を下ろす（値を 0 にする）．

パリティチェックビットは，偶数パリティの場合，各符号ビットとパリティチェックビットとの排他的論理和が 0（奇パリティチェックでは 1）となるように定められている．したがって，各符号ビットとパリティチェックビットとの排他的論理和をパリティエラーフラグ PE とする．すなわち，$PE=0$ のときは受信成功，$PE=1$ のときは受信誤りとなる．

オーバーランエラー (over run error) は，次の受信データが $BUFFER\_R$ に書き込まれるときまでに，外部から $BUFFER\_R$ の読み取りがなされなかった場合のことで，前の受信データが失われたことを示す．このようなときには，オーバーランエラーフラグ OE を立てる．

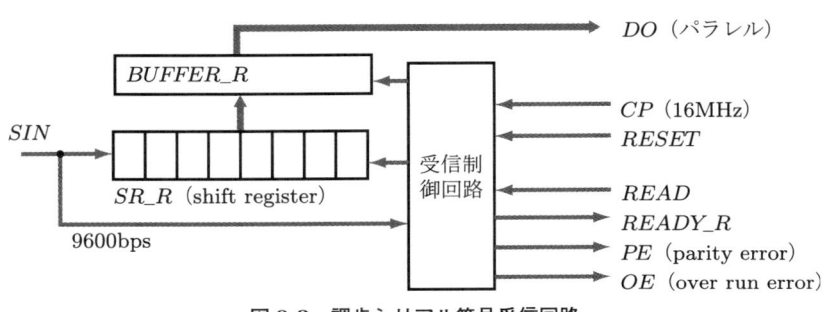

図 9.3 調歩シリアル符号受信回路

9.3.1　順序制御

　制御回路の状態遷移を図9.4に示す．状態0では受信信号 *SIN* がスタートビットで立ち上がるのを待ち，*SIN*=1 が検出されると，パリティチェックのための xor 累算やそのほかの初期値を定め，同時に，状態を1に進める．状態1ではデータ符号ビット0を取り込み，xor 累算を行って状態を2に進める．同様にして順次状態を進めて，状態8ではデータ符号ビット7を取り込み，xor 累算を行う．状態9ではパリティチェックビットを読んでパリティチェック（最終の xor 累算）を行う．同時に，データビット7〜0を *BUFFER_R* に書き込み出力し，さらに，受信終了を示す *READY_R* を1とし，状態を10に進める．状態10では，*PE*, *OE* を出力し，状態を0に戻す．

　ところで，図9.4の状態遷移図は大まかな状態遷移である．スタートビットは受信システムとは無関係なタイミングで立ち上がる．したがって，この立ち上がり時点を受信システムのタイミングの新たな基点としなければならない．そこで，規定の区分時間に比して十分小さな周期のクロックを同期信号として受信回路を制御し，受信データとしてはシリアル信号の各データビットの中央点近傍を取り込むような制御が必要である．いま，規定の区分時間を T，クロック周期を τ，n を適当な整数とし，次の関係が成立するように定める．

$$T = n\tau \tag{9.1}$$

　スタートビットの立ち上がりを検出した時点をクロックのタイミング0とすれば，図9.4の状態1はタイミング $1.5n$，状態2はタイミング $2.5n$，$\cdots$，状態9はタイミング $9.5n$ に相当する．なお，状態10は規定の区分時間外であるので，タイミング $9.5n+1$ としてもよい．なお，n が小さいほど回路は単純になるが，スタートビットの上がりエッジの検出時間誤差は τ となるので，区分時間誤差の許容値が小さくなる．一般に，$n = 4 \sim 16$ が適当である．

　信号相互のタイミングを図9.5に示す．図中の「シフト」は信号ではなく，*SR_R* のシフト動作のタイミングを示したものである．また，パリティエラーフラグ *PE* お

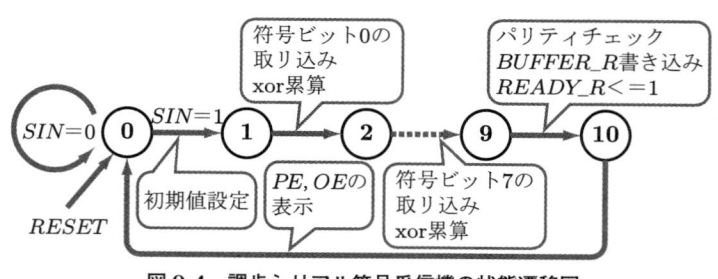

図 9.4　調歩シリアル符号受信機の状態遷移図

9.3 受信回路

図 9.5 受信タイミング

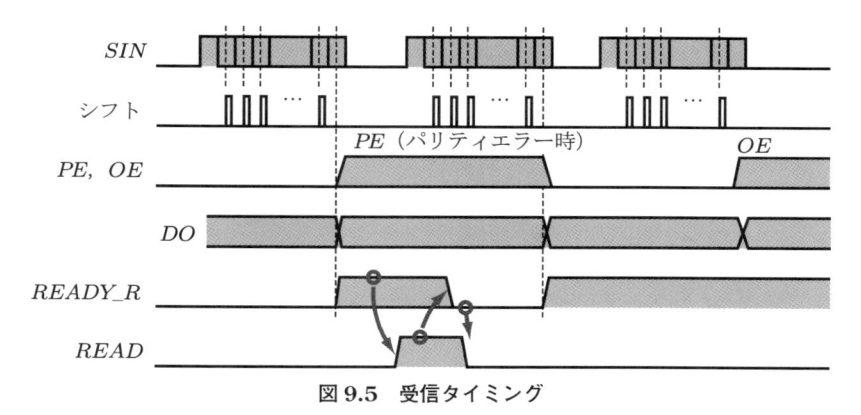

よびオーバーランエラーフラグ OE はエラーが生じた場合にはその値は 1 となる.

9.3.2 VHDL 記述

調歩シリアル符号受信回路の VHDL 記述をリスト 9.1 に示す. 内部信号（signal 文）の $Q1$ は周波数 16 MHz の CP を 1/333 に分周し，式 (9.1) において，$n=5$ とする約 48 kHz の $CLOCK$ を作成するための状態制御変数である. $Q2$ は，スタートビットの立ち上がり時点から，$CLOCK$ のタイミングをカウントするための状態制御変数である. $Q2$ の最大値は 48 $(\cong 9.5n+1)$ である. SR_R は受信用シフトレジスタ，$BUFFER\_R$ は受信符号の次の受信までの一次記憶レジスタである.

begin 直下の同時文は，$BUFFER\_R$ の値を DO に代入し，さらに，RDY の値を $READY\_R$ に代入して外部へ出力している.

①で示した文は強制リセットであり，$Q2, RDY, PE, OE$ の初期値を定めている.
②は以下の回路が $CLOCK$ の立ち上がりによる同期制御であることを示している.
③，④，⑤は平行に動作する回路である.

③は CP を 333 分周し，CP 周期幅の細いパルス $CLOCK$ を作成している. $CLOCK$ の値を 1 とするのは状態 $Q2$ が 332 のときに限らず 0～332 のどこでもよい. なお，$CLOCK$ の周波数は 48.05 kHz になり，目標の 48.00 kHz に比して 0.1%の誤差となるが，調歩シリアル符号受信の場合はこの誤差が 1%以下であればまったく問題とはならない.（例題 9.1 参照）

④は図 9.5 に示しているように，受信データ符号を $BUFFER\_R$ に保存したことを示すフラグ RDY（外部では READY_R）を 1 にしているとき，データの読み取り終了を意味する $READ=1$ を確認して，この RDY フラグを下げる操作である.

⑤は，伝送区分時間 1/9600 秒の 1/5 の時間で受信回路の制御を行っているもので，スタートビットを認識するまでは $Q2$ は 0 であり，その後，$CLOCK$ に同期をして

リスト 9.1　調歩直列符号受信の VHDL 記述

```vhdl
library IEEE;
use IEEE.STD_LOGIC_1164.ALL;
use IEEE.STD_LOGIC_UNSIGNED.ALL;

entity RECEIVER is
   Port (RESET,CP,SIN,READ:in std_logic;
         READY_R,PE,OE:out std_logic;
         DO:out std_logic_vector(7 downto 0) );
end RECEIVER;

architecture Behavioral of RECEIVER is
  signal Q1:integer range 0 to 332;
  signal Q2:integer range 0 to 48;
  signal CLOCK,PARITY,RDY:std_logic;
  signal SR_R,BUFFER_R:std_logic_vector(7 downto 0);
begin
DO<=BUFFER_R; READY_R<=RDY;
process(CP,RESET)
 begin
   if RESET='1' then Q2<=0; RDY<='0'; PE<='0'; OE<='0';         -- ①
     elsif CP'event and CP='1' then                              -- ②
         if Q1=332 then CLOCK<='1'; Q1<=0;
                   else CLOCK<='0'; Q1<=Q1+1; end if;            -- ③
         if RDY='1' and READ='1' then RDY<='0'; end if;          -- ④
         if CLOCK='1' then                                       -- ⑤
            case Q2 is                                           -- ⑥
              when 0=> if SIN='1' then Q2<=1; PARITY<='0'; end if;
              when 7|12|17|22|27|32|37|42=>
                       Q2<=Q2+1;
                       for I in 0 to 6
                         loop SR_R(I)<=SR_R(I+1); end loop;      -- ⑦
                       SR_R(7)<=SIN; PARITY<=PARITY xor SIN;
              when 47=> Q2<=48; PARITY<=PARITY xor SIN;
                        BUFFER_R<=SR_R; RDY<='1'; OE<=RDY;
              when 48=> Q2<=0; PE<=PARITY;
              when others=> Q2<=Q2+1;
              end case;
            end if;
      end if;
  end process;
end Behavioral;
```

$Q2$ を増加させている．ただし，$CLOCK$ との同期については，この $CLOCK$ 信号の幅が順序回路のクロック（＝起因リスト信号）である CP の 1 周期分でしかないので，event 属性「CLOCK'event and」を記述しなくてもよい．

9.3 受信回路

　$Q2$ の値が 7, 12, 17, ⋯, 42 のとき，すなわち，符号ビットのほぼ中央時間に相当する $CLOCK$ のタイミングで，SR_R を右シフトさせて SIN を取り込んでいる．⑦は右シフトを記述した for-loop 文である（詳細は後述）．また，同時に，パリティチェックのために xor 累算を行っている．

　$Q2$ の値が 47 のとき，SIN のパリティチェックビットを xor 累算する．ここでは偶パリティとしているので，xor 累算値が即パリティチェック値となる．同時に SR_R の内容を $BUFFER\_R$ に代入する．ここの「RDY<='1'; OE<=RDY;」という記述は，同時文であるので，RDY に 1 が書き込まれると同時に，その直前の RDY の値は OE に代入される．したがって，「もし，このとき（データ受信終了時時点）に RDY が 1 のままであれば OE の値は 1 となってオーバーランエラー」が表示されることになる．

　$Q2$ の値が 48 のとき，PE を出力し，$Q2$ の次の値を 0 に戻す．

■■■ for-loop 文

　たとえば，ビット位置を順次変化させて，文を繰り返し書くような場合は，ビット位置だけが異なる同形の文を多量に記述しなければならない．このような場合には，次の for-loop 文で記述して，その記述量を減じることができる．

```
ラベル : for ループ変数 in 開始値 to 終了値
loop 文列 end loop ;
```

ここに，ループ変数は loop 文内だけで有効な整数変数であり，その値を開始値から始めて，終了値まで，増加させながら文列を繰り返して記述することを意味している．なお，先頭の記述「ラベル：」は省略してよい．

　リスト 9.1 の⑦の for 文は記述

```
SR_R(0)<=SR_R(1); SR_R(1)<=SR_R(2); SR_R(2)<=SR_R(3);
SR_R(3)<=SR_R(4); SR_R(4)<=SR_R(5); SR_R(5)<=SR_R(6);
SR_R(6)<=SR_R(7);
```

と等価である．

● **例題 9.1**　その区分時間が規定より 3%だけ長い調歩シリアル符号信号が送られてきたとするとき，本節の受信回路はこの信号を正しく受信できることを示せ．
　解　順序制御状態 0 でスタートビットを検出し，状態 47 で符号の最後のパリティチェックビットを検出している．なお，制御周期が τ であるので，スタートビットを検出する際には最大 τ の時間遅れを生じる．したがって，符号の最後を構成するパリティチェックビットの期間は次のようになる．

第 9 章　シリアルデータ回路の設計

正常信号 { 時間遅れ 0 のとき　　$45\tau \sim 50\tau$
　　　　　 時間遅れ τ のとき　　$44\tau \sim 49\tau$

異常信号 { 時間遅れ 0 のとき　　$45\tau \sim 50\tau \times 1.03 = 46.4\tau \sim 51.5\tau$
　　　　　 時間遅れ τ のとき　　$44\tau \sim 49\tau \times 1.03 = 45.4\tau \sim 50.5\tau$

本節の受信回路は時間 47τ で符号の最後のビットを抽出している．47τ は異常符号信号においても最後のビットの期間内であり，正しく検出できる．

例題 9.2　リスト 9.1 のコメント⑦で示す for-loop 文の代わりに，シフト演算子 srl を使用して記述を書き換えよ．

解　`SR_R<=to_stdlogicvector( to_bitvector(SR_R) srl 1 );`

9.4 送信回路

調歩シリアル符号の信号形式については，その意味の理解を深くするために，先に，受信回路を述べた．ここで，そのような信号を作り出す送信回路について述べる．

9.4.1 順序制御

図 9.6 は調歩シリアル符号伝送の送信機の機構である．送信機は受信機と異なり，送信データが与えられてからは送信機側のタイミングですべてを制御すればよいので，比較的，単純に構成できる．

図 9.7 は送信機の状態遷移図である．状態 0 では，$READY\_T$ フラグを立ててデータの書き込みを待つ．データが書き込まれると $REDAY\_T$ フラグを下ろし，同時に 1/9600 秒のインターバルタイマ（interval timer）を始動し，スタートビットを送り出し，状態を 1 に移す．状態 1 ではタイマ終了を待ち，タイマが終了すれば，データの LSB 値を送り出し，同時に，インターバルタイマを始動し，状態を 2 に移す．このことを状態が 9 になるまで繰り返す．状態 9 では，タイマの終了を待ち，タイマが終了すれば，パリティチェックビットを送出し，同時に，インターバルタイマを始動し，状態を 10 に移す．状態 10 では，タイマの終了を待ち，タイマが終了すれば，

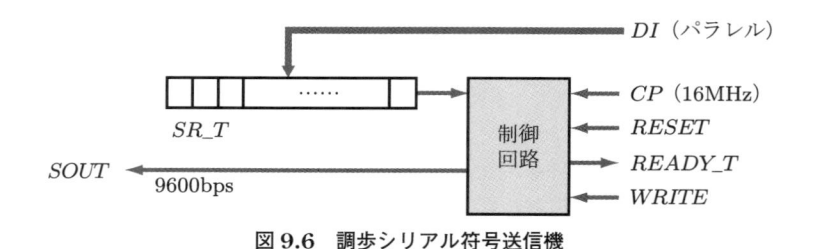

図 9.6　調歩シリアル符号送信機

9.4 送信回路

```
           データ      タイマ    タイマ    タイマ    タイマ
           未準備     作動中    作動中    作動中    作動中
            ⓪ ─→ ① ─→ ② ┄┄→ ⑩ ─→ ⑪
            ↑
          RESET
```

・タイマ始動
・スタートビット送出

・タイマ始動
・データLSB送出

・タイマ始動
・パリティチェックビット送出

・タイマ始動
・ストップビット送出

READY_T<＝1

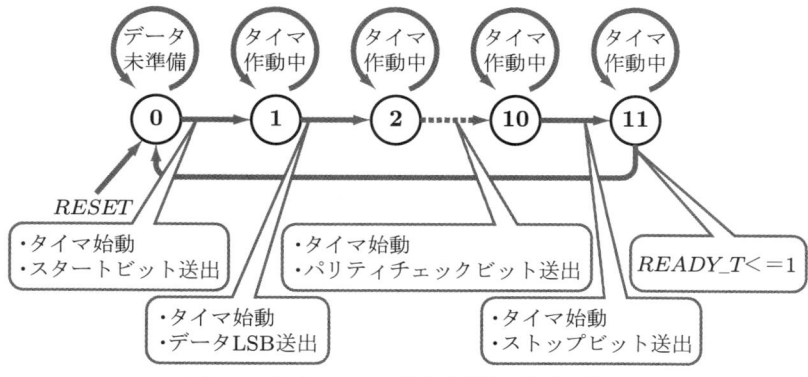

図9.7 調歩シリアル符号送信機の状態遷移図

ストップビットの値である1を送出し，同時に，インターバルタイマを始動し，状態を11に移す．状態11では，タイマの終了を待ち，タイマが終了すれば状態を0に戻す．これが1個の符号についての送信制御である．

9.4.2 VHDL 記述

送信機回路の VHDL 記述をリスト9.2に示す．インターフェース信号の $RESET$ と CP は受信機と共通な信号である．DI は外部から与えられる 8 bit のパラレル送信データである．

内部信号（signal 文）については，Q は状態制御変数，RDY は $READY\_T$ の内部

リスト 9.2 調歩シリアル符号送信の VHDL 記述

```vhdl
library IEEE;
use IEEE.STD_LOGIC_1164.ALL;
use IEEE.STD_LOGIC_UNSIGNED.ALL;

entity TRANSMITTER is
   Port (RESET,CP,WRITE:in std_logic;
         READY_T,SOUT:out std_logic;
         DI:in std_logic_vector(7 downto 0) );
end TRANSMITTER;

architecture Behavioral of TRANSMITTER is
  signal Q:integer range 0 to 11;
  signal PARITY,RDY:std_logic;
  signal SR_T:std_logic_vector(7 downto 0);
  signal TIMER:integer range 0 to 1666;
begin
READY_T<=RDY;
```

リスト 9.2 （続き）

```
process(CP,RESET)
 begin
  if RESET='1' then Q<=0; RDY<='1';SOUT<='0';     ●──①
   elsif CP'event and CP='1' then   ●──②
      if TIMER/=0 then TIMER<=TIMER - 1; end if;   ●──③
      case Q is  ●──④
         when  0=> if WRITE='1' then
                     Q<=1; RDY<='0'; SOUT<='1'; PARITY<='0';
                     SR_T<=DI; TIMER<=1666;                    ●──⑤
                   end if;
         when  1=> if TIMER=0 then
                     Q<=2; SOUT<=SR_T(0); TIMER<=1666;
                     PARITY<=PARITY xor SR_T(0);               ●──⑥
                   end if;
         when  2=> if TIMER=0 then
                     Q<=3; SOUT<=SR_T(1); TIMER<=1666;
                     PARITY<=PARITY xor SR_T(1);               ●──⑦
                   end if;
         when  3=> if TIMER=0 then
                     Q<=4; SOUT<=SR_T(2); TIMER<=1666;
                     PARITY<=PARITY xor SR_T(2);
                   end if;
         when  4=> if TIMER=0 then
                     Q<=5; SOUT<=SR_T(3); TIMER<=1666;
                     PARITY<=PARITY xor SR_T(3);
                   end if;
         when  5=> if TIMER=0 then
                     Q<=6; SOUT<=SR_T(4); TIMER<=1666;
                     PARITY<=PARITY xor SR_T(4);
                   end if;
         when  6=> if TIMER=0 then
                     Q<=7; SOUT<=SR_T(5); TIMER<=1666;
                     PARITY<=PARITY xor SR_T(5);
                   end if;
         when  7=> if TIMER=0 then
                     Q<=8; SOUT<=SR_T(6); TIMER<=1666;
                     PARITY<=PARITY xor SR_T(6);
                   end if;
         when  8=> if TIMER=0 then
                     Q<=9; SOUT<=SR_T(7); TIMER<=1666;
                     PARITY<=PARITY xor SR_T(7);
                   end if;
         when  9=> if TIMER=0 then
                     Q<=10; SOUT<= PARITY; TIMER<=1666;         ●──⑧
                   end if;
```

9.4 送信回路

リスト9.2 (続き)

```
            when 10=> if TIMER=0 then
                        Q<=11; SOUT<='0'; TIMER<=1666;      ──⑨
                      end if;
            when 11=> if TIMER=0 then Q<=0; end if;         ──⑩
        end case;
    end if;
  end process;
end Behavioral;
```

信号，SR_T はデータレジスタである．$TIMER$ はインターバルタイマ回路のカウントレジスタであり，0～1666 の整数値をとる．この $TIMER$ については，③の文の説明に詳述している．

①の文は強制リセット時の Q，RDY，$SOUT$ の初期値（＝0）を定めている．

②の elsif 文は以下の回路を CP の立ち上がりで同期制御することを示している．

③の if 文と④の case 文は平行して動作する．if 文はインターバルタイマ回路を記述している．次の case 文ブロックで $TIMER$ に0でない値を書き込む（タイマを始動する）と，$TIMER$ を1だけ減じる累減算が，$TIMER$＝0 になるまで，CP のタイミングで，繰り返される．したがって，$TIMER$ に 1666 を書き込んだ後，$TIMER$＝0 を検出すれば，書き込みからその検出までの時間は CP の周期の 1667 倍となる．ここでは，シリアル符号の規定区分時間である 1/9600 秒を得ている．（16 MHz/9600 Hz＝1666.7）

④の case 文以下は，図 9.7 に示した状態遷移に対応させた，Q による選択記述である．

⑤の文は状態 0 での制御である．外部の機構によってパラレルデータが DI に準備されて，それまで 0 であった $WRITE$ が 1 になると RDY（外部では $READY\_T$）フラグを下ろし，スタートビットを送り出し，$PARITY$ の初期値を 0 とし，DI のデータを SR_T に代入し，インターバルタイマを始動して，状態を 1 に移す．なお，$WRITE$ が 0 の間は何もしないので状態 Q は 0 のままとなる．

⑥の文は状態 1 での制御である．$TIMER$ が 0 になるまでは何もしない．$TIMER$ が 0 になると，データの LSB を送り出し，パリティチェックのための xor 累算を行い，状態を 2 に移す．

⑧の文は状態 9 での制御である．ここでの $PARITY$ は即パリティチェックビットの値になっているので，これを送り出し，インターバルタイマを始動して状態を 10 に移す．

⑨は状態 10 での動作である．タイマの終了を待ち，ストップビットとして 0 を送り出し，状態を 11 に移す．

⑩は状態 11 での制御である．タイマの終了を待ち，状態を 0 に戻す．

ここの case 文には「when others => ・・・」を記述していないが，選択条件として signal 文で定義した Q がとり得るすべての値（整数 0 〜 11）を記述しているので，これ以外の値を表す others は必要ない．

9.5 状態遷移と VHDL 記述

順序回路は，同期信号のタイミングで，現在の状態から条件によって決定される状態へ遷移し，その状態に対応していくつかの出力を行う回路である．この出力の設計を次のいずれで行うかによって順序回路の設計結果は，状態数が異なるなど，一般に，異なった回路となる．

(1) 出力を遷移先と共に考える場合
(2) 出力を現在の状態において考える場合

例として前節の調歩シリアル符号送信機の設計を取り上げ，それぞれの場合による状態遷移表を作成してみる．

表 9.1 は場合 (1) による状態遷移表である．すなわち，「現在の状態が 0 では，もし，データの書き込みがなければ状態 0 を続け，そうでなければ，（インターバル）タイマを始動し，同時に，スタートビットを送り出し，状態を 1 に移す」，また，「現在の状態が 1 では，もし，タイマが作動中であれば状態 1 を続け，そうでなければ（インターバル）タイマを始動し，同時に，データの LSB を送り出し，状態を 2 に移す」というものである．

表 9.2 は場合 (2) による状態遷移表である．すなわち，「現在の状態が 0' では 0（初

表 9.1　状態遷移表 1（ミーリー機械表現）

現在状態	遷移		
	条　件	状態	出　力
0	データ書込み無し	0	0 を送出
	データ書込み有り	1	タイマ始動，スタートビット送出
1	タイマは作動中	1	スタートビット送出
	タイマは停止	2	タイマ始動，データ LSB 送出
2	タイマは作動中	2	データ LSB 送出
	タイマは停止	3	タイマ始動，データ 1 ビット目送出

9.5 状態遷移と VHDL 記述

表 9.2 状態遷移表 2（ムーア機械表現）

現　　在		遷　　移	
状態	出　　力	条　件	状態
0'	なし	データ書込み無し	0'
		データ書込み有り	1'
1'	タイマ始動，スタートビット送出	なし	2'
2'	スタートビット送出	タイマは作動中	2'
		タイマは停止	3'
3'	タイマ始動，データ LSB 送出	なし	4'
4'	データ LSB 送出	タイマは作動中	4'
		タイマは停止	5'
5'	タイマ始動，データ 1 ビット目送出	なし	6'

期値または送出するデータがない）を送り出し，もし，データの書き込みがなければ状態は 0' を続け，そうでなければ状態を 1' に移す」，また，「現在の状態が 1' では，タイマを始動し，同時に，スタートビットを送り出し，状態を 2' に移す」，さらに，「現在の状態が 2' では，スタートビットの送出を続け，もし，タイマが動作中であれば状態 2' を続け，そうでなければ状態を 3' に移す」というものである．

表 9.1 と表 9.2 とを参照して，場合 (1) と場合 (2) とを比較すれば，明らかに，場合 (2) の方は状態数が多くなっている．したがって，両者の回路は異なるものとなる．場合 (1) で表現した順序回路をミーリー機械（Mealy machine），場合 (2) で表現した順序回路をムーア機械（Moore machine）と呼んでいる．しかし，この両機械の能力は同一であることが知られている．さらに，相互に変換が可能であることが知られている．したがって，対象となるシステムの状態遷移をいずれの機械として捉えても，機能に差異はない．

本書ではシステムのすべての表現を場合 (1) により行っている．リスト 9.2 を参照すれば，case 文の部分は，表 9.1 の状態遷移表をそっくり記述したものであることがわかる．ただし，VHDL 記述においては，⑥の「when 1=> if TIMER=0 then … end if;」に「タイマ作動中のスタートビット送出」すなわち「else SOUT<='1';」を記述しなくても，この文が記述されていない場合には，$SOUT$ は 1 bit レジスタとして生成されるので，直前の状態 0 での値が保持されており，スタートビット送出が継続している．以下，データの各ビットの送出についても同様である．

演習問題 9

9.1 リスト 9.1 では順序制御を 1 個の回路ブロック（1 個の process 文）で記述している．これを，信号 $CLOCK$ を作成するブロックと $CLOCK$ により同期制御されるブロックとの二分構成に改めよ．

9.2 いま，伝送速度を 19.2 kbps，CP の周波数を 12 MHz に変更するとき，リスト 9.1 では VHDL 記述をどのように変更すべきか．

9.3 リスト 9.2 はレジスタ SR_T をシフトレジスタとはしていない．これをシフトレジスタとするような記述に書き換えよ．

9.4 次のように VHDL 記述された (1) と (2) の二つの回路の動作の相違を説明せよ．ただし，いずれも同期回路の一部であるものとする．

(1) A(3)<=A(2); A(2)<=A(1); A(1)<=A(0);

(2) A(1)<=A(0); A(2)<=A(1); A(3)<=A(2);

第10章 周波数カウンタの設計

 カウンタ（計数器）はわれわれの周りで，ディジタル時計をはじめとして，腰に帯びる歩数計，自動車の距離計など，多く見られる．また，物品の計数，回転数の計測など工業的にも多く利用されている．カウンタとしては，原理的には2進カウンタでも良いが，対人的には10進カウンタの必要がある．ここでは，10進カウンタの設計例として，周波数カウンタを取り上げる．基本的な周波数カウンタは，その回路規模は大きいが，各部は同一要素の複合構成であるので，比較的，理解が容易である．全体の回路構成，タイミング信号の発生回路，BCDカウンタを多段に接続した回路，および，カウント値を数字で表示する回路の順にVHDL記述で解説する．

10.1　周波数カウンタ

 周波数カウンタとは，図 10.1 に示すように，アナログ信号を波形成形回路によってパルス化し，一定時間内におけるそのパルスの波数を 10 進カウンタでカウントするものである．その一定時間（ゲート時間）を 1 s とすればカウント値は Hz の単位の周波数，100 ms とすれば 10 Hz 単位の周波数となる．
 図 10.2 は設計する周波数カウンタの構成である．ここでは，入力波形整形部はアナログ回路であるので除外し，ディジタルである TPG，DCU，REG および COC を設計する．
 TPG (Timing Pulse Generator) は基準発振器（正確な周波数の発振器）から図 10.3 に示すタイミング信号 R (read)，C (clear)，G (gate) を発生する．基準発振器の周波数は 12.8 MHz であるものとする．ここで，G はゲート信号 (gate signal) で

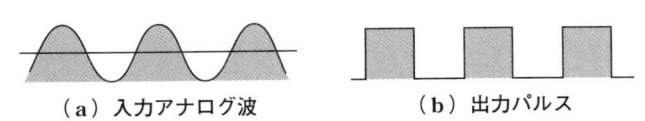

（a）入力アナログ波　　（b）出力パルス

図 10.1　アナログ波形のパルス整形

第10章　周波数カウンタの設計

ディジタル回路最上層部（TOP）

```
U1: Decimal Counting Unit  ──GP──┐  ──IP── 波形整形 ← 入力
         │ CO1〜CO6
U2: REGister
         │ RO1〜RO6       U0: R  C  G
U3: COde Converter        Timing Pulse Generator ──CP── 基準発振器 12.8MHz
         │ EO1〜EO6                │
   7 segment number display        S
```

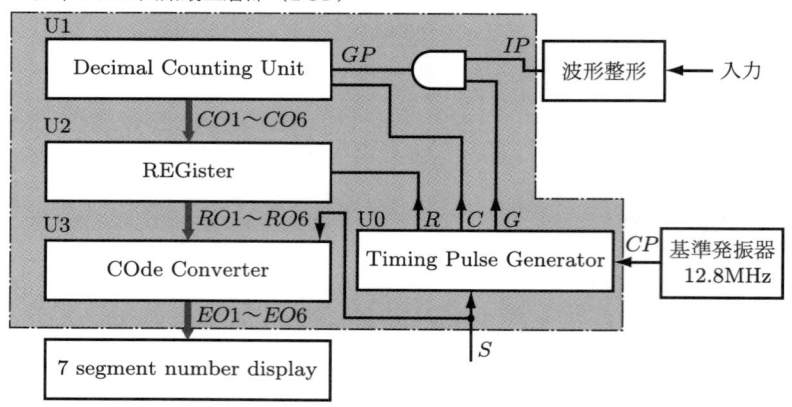

図 10.2　周波数カウンタの機構図

あり，パネルに設けた手動スイッチ信号入力 S（select）でもって，そのゲート時間を 1 s または 0.1 s に切り替えて，計測する周波数精度を 1 Hz または 10 Hz に変える．

DCU（Decimal Counting Unit）は 6 桁の 10 進カウンタである．信号 C でクリアされた後，信号 G によりゲートされた信号パルスの波数をカウントする．

REG（REGister）は，カウントゲートが閉じた後，同期信号 R により DCU のカウント値を読み込み，この値を次の読み込み時まで保持して，数字表示器へ出力し続ける．

COC（COde Converter）は REG の出力である 6 桁の BCD 符号を，6 個の 7 セグメント数字表示器（7 segment number display）のセグメント点灯信号に変換し，6 桁の数字で表示するための符号変換器である．

設計する周波数カウンタの規格の概要を表 10.1 に示す．S の値によってカウント（周波数）精度が異なり，これに対応して表示数字の小数点の表示位置が変わる．

表 10.1　周波数カウンタの規格

項　目	$S=0$ のとき	$S=1$ のとき
ゲート時間	1000 ms	100 ms
最大計数周波数	999.999 kHz	9999.99 kHz
最大表示	999.999	9.999.99

10.2 最上位層ブロック（TOP）

図 10.2 のディジタル回路の最上位であるブロック（TOP）の VHDL 記述をリスト 10.1 に示す．

entity 部の port 文に示した $EO1$〜$EO7$ は 7 セグメント数字表示器に接続する各

リスト 10.1　TOP の記述

```
library IEEE;
use IEEE.STD_LOGIC_1164.ALL;
use IEEE.STD_LOGIC_UNSIGNED.ALL;

entity TOP is
   port( IP,CP,S:in std_logic;
         EO1,EO2,EO3,EO4,EO5,EO6:out std_logic_vector(0 to 7) );
end TOP;

architecture Behavioral of TOP is
  component TPG
     port( CP,S:in std_logic;
           R,C,G:out std_logic );
     end component;
  component DCU
     port( GP,C:in std_logic;
           CO1,CO2,CO3,CO4,CO5,CO6:out std_logic_vector(3 downto 0) );
     end component;
  component REG
     port( R:in std_logic;
           CO1,CO2,CO3,CO4,CO5,CO6:in std_logic_vector(3 downto 0);
           RO1,RO2,RO3,RO4,RO5,RO6:out std_logic_vector(3 downto 0) );
     end component;
  component ENC
     port( S:in std_logic;
           RO1,RO2,RO3,RO4,RO5,RO6:in std_logic_vector(3 downto 0);
           EO1,EO2,EO3,EO4,EO5,EO6:out std_logic_vector(0 to 7) );
     end component;
  signal CI,R,C,G:std_logic;
  signal CO1,CO2,CO3,CO4,CO5,CO6:std_logic_vector(3 downto 0);
  signal RO1,RO2,RO3,RO4,RO5,RO6:std_logic_vector(3 downto 0);
begin
GP<=IP and G;
U0:TPG port map(CP,S,R,C,G);
U1:DCU port map(CI,C,CO1,CO2,CO3,CO4,CO5,CO6);
U2:REG port map(R,CO1,CO2,CO3,CO4,CO5,CO6,RO1,RO2,RO3,RO4,RO5,RO6);
U3:ENC port map(S,RO1,RO2,RO3,RO4,RO5,RO6,EO1,EO2,EO3,EO4,EO5,EO6);
end Behavioral;
```

第 10 章　周波数カウンタの設計

8 bit の出力信号であるが，発光させるセグメントの組み合わせで数字を形成するので，この信号には 2 進数値データとしての意味はない．よって，$EO1 \sim EO7$ の bit 幅の宣言は「0 to 7」と昇順幅で宣言している．

各 component 文は後述するタイミングパルス発生器ブロック TPG，10 進カウンタブロック DCU，レジスタブロック REG，および，符号変換ブロック COC の外形を記述している．

各 signal 文において，GP と G を除く，各信号は component 文に示した下層ブロック相互に接続するだけの中継信号であるので，ここでは自由な信号名を使用してもよいが，理解に混乱が起きないように，各 component 文に示された信号名と同じ名前を使用している．

回路本体は IP と G から GP（gated pulse）を作成する信号代入文と 4 個の component 引用文だけである．

10.3　タイミングパルス発生ブロック（TPG）

タイミングパルス発生ブロック（TPG）は 12.8 MHz のパルスから，1/12800 分周器を介して，1 kHz のパルスを作成する．さらに，この 1 kHz パルスを同期信号として，図 10.3 に示すようなタイミング信号 R, C, G を作成する．$S=0$ の場合は状態数 1003 の順序回路，また，$S=1$ の場合は状態数 103 の順序回路となる．信号 R, C, G は R-C-G の順に繰り返して出現すればよいので，ここでは，順序回路の状態が 1 のときだけ $R=1$，状態が 2 のときだけ $C=1$，状態が 3 〜 1002（$S=0$），または，状態が 3 〜 102（$S=1$）のときだけ $G=1$ となるようにしている．

リスト 10.2 は TPG の VHDL 記述である．内部信号宣言「`signal Q1:integer range 0 to 12799;`」は 12.8 MHz を 1/12800 に分周する順序制御の状態変数 $Q1$ の宣言である．また，「`signal Q2:integer range 0 to 1002;`」は信号 R, C, G を作成する順序制御の状態変数 $Q2$ の宣言である．

最初の process 文は周波数分周器であり，$CLOCK$ 周波数の 1/12800 の周波数を

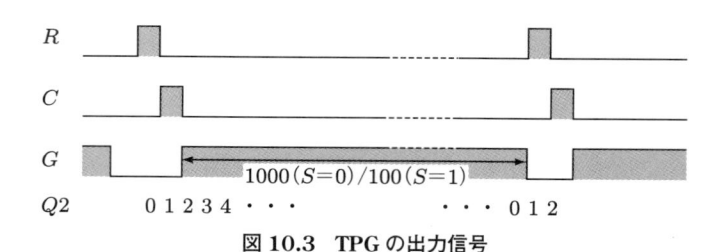

R

C

G

$1000(S=0)/100(S=1)$

$Q2$　　0 1 2 3 4 ···　　··· 0 1 2

図 10.3　TPG の出力信号

10.3 タイミングパルス発生ブロック（TPG）

リスト 10.2　TPG の VHDL 記述

```vhdl
library IEEE;
use IEEE.STD_LOGIC_1164.ALL;
use IEEE.STD_LOGIC_UNSIGNED.ALL;

entity TPG is
   Port( CLOCK,S:in std_logic;          12.8 MHz clock
         R,C,G:out std_logic );
end TPG;

architecture Behavioral of TPG is
  signal Q1: integer range 0 to 12799;
  signal Q2: integer range 0 to 1002;
  signal W1:std_logic;
begin
process(CLK)
  begin
  if CLOCK'event and CLOCK='1' then
   if Q1<12799
    then Q1<=Q1+1; W1<='0';
    else Q1<=0; W1<='1'; end if;
   end if;
  end process;
process(W1)
  begin
  if W1'event and W1='1' then
   if Q2=0 then Q2<=1; R<='1'; C<='0'; G<='0';
    elsif Q2=1 then Q2<=2; R<='0'; C<='1'; G<='0';
    elsif Q2=2 then Q2<=3; R<='0'; C<='0'; G<='1';
    elsif S='0' then
              if Q2<1002 then Q2<=Q2+1; R<='0'; C<='0'; G<='1';
                        else Q2<=0; R<='0'; C<='0'; G<='0'; end if;
            else
              if Q2<102  then Q2<=Q2+1; R<='0'; C<='0'; G<='1';
                        else Q2<=0; R<='1'; C<='0'; G<='0'; end if;
    end if;
   end if;
  end process;
end Behavioral;
```

有する信号 $W1$ を作成する．なお，$W1$ は，周波数 1 kHz の，$Q1=0$ のときだけ 1 となるような細いパルスとなる．次の process 文では $W1$ を同期信号として，図 10.3 のとおりの信号を作成する．ただし，$Q2$ が 0，1 および 2 のときは R, C および G の値は S に無関係に決定されるので，先に $Q2=0$，$Q2=1$，$Q2=2$ の場合を調べて，その後に S の値を調べて，各信号の値を決めるような if 文記述となっている．

103

10.4　10進カウンタブロック（DCU）

図 10.4 は BCD カウンタ 6 個をカスケード（cascade，縦続）した 10 進 6 桁カウンタである．BCD カウンタとして第 6 章 6.3 に述べた BCD カウンタをそのまま使用する．初段のカウント入力は GP でる．2 段目以降のカウント入力には各前段の桁上

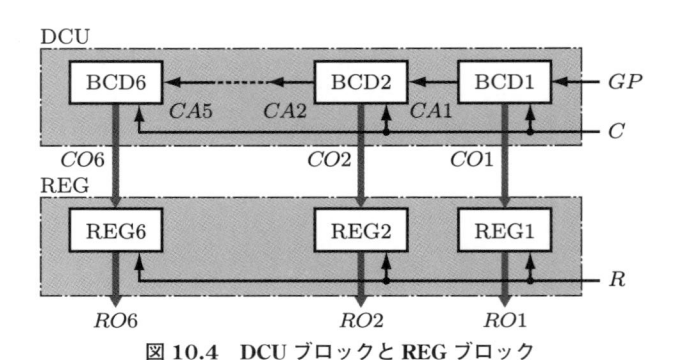

図 10.4　DCU ブロックと REG ブロック

リスト 10.3　DCU の VHDL 記述

```vhdl
library IEEE;
use IEEE.STD_LOGIC_1164.ALL;
use IEEE.STD_LOGIC_UNSIGNED.ALL;

entity DCU is
   port( GP,C:in std_logic;
         CO1,CO2,CO3,CO4,CO5,CO6:out std_logic_vector(3 downto 0) );
end DCU;

architecture Behavioral of DCU is
   component BCD_COUNTER
     port ( CI,RESET : in std_logic;
            CO : out std_logic;
            D : out std_logic_vector(3 downto 0) );
     end component;
   signal CA1,CA2,CA3,CA4,CA5:std_logic;
begin
BCD1:BCD_COUNTER port map( GP,C,CA1,CO1);
BCD2:BCD_COUNTER port map(CA1,C,CA2,CO2);
BCD3:BCD_COUNTER port map(CA2,C,CA3,CO3);
BCD4:BCD_COUNTER port map(CA3,C,CA4,CO4);
BCD5:BCD_COUNTER port map(CA4,C,CA5,CO5);
BCD6:BCD_COUNTER port map(CA5,C,    ,CO6);
end Behavioral;
```

← BCD カウンタの縦続

10.4　10進カウンタブロック（DCU）

げ出力（$CA1 \sim CA5$）を用いる．

　リスト10.3はDCUブロックについてVHDL記述したものである．下位層のBCD_COUNTERはリスト6.2を利用する．component文のportはそのインターフェースであり，CIはカウント入力，$RESET$は強制リセット信号，COは桁上げ出力，DはBCD出力である．

　signal文の$CA1 \sim CA5$は各BCDカウンタの桁上げ出力である．ラベルBCD1～BCD6の各文はcomponent文に示したBCDカウンタの引用文である．このうち，終段のカウンタBCD6の桁上げは使用されないので，空記述しているが，「open」と記述してもよい．

例題 10.1　本章のカウンタは初段が入力信号を，2段目以降が前段の桁上げ信号を同期信号としている．すべて段のカウンタが入力信号を同期信号として動作するようなカウンタ回路を考えよ．

解　下位の桁から調べていき，下位の桁が9のときに入力があれば，下位桁を0とし，その上位桁をカウントアップするような回路とする．ただし，最下位桁は通常のBCDカウンタとする．よって，次のようなVHDL記述を行えばよい．すなわち，

```
    Signal Q0,Q1,Q2,…:std_logic_vector(3 downto 0);
```
とし，
```
    process(GP) begin
      if GP'event and GP='1' then
        if Q0=9 then
           Q0<="0000";
           If Q1=9 then
             Q1<="0000";
             If Q2=9 then
               Q2<="0000";
                  :
               else Q2<=Q2+1; end if;
             else Q1<=Q1+1; end if;
           else Q0<=Q0+1; end if;
        end if;
      end process;
```
という構成とする．

10.5 レジスタブロック (REG)

図 10.4 の REG はレジスタブロックである．タイミング信号 R に同期して DCU の出力 $CO1 \sim CO6$ を読み込み保持し，$RO1 \sim RO6$ として出力する各 4 bit のレジスタ群である．

リスト 10.4 はレジスタブロックの VHDL 記述である．process 文において，R の立ち上がりに同期して，$CO1 \sim CO6$ を $RO1 \sim RO6$ に代入するだけの回路記述であるが，R の立ち上がり時以外には $RO1 \sim RO6$ への代入（$RO1 \sim RO6$ の値定義）がないので，$RO1 \sim RO6$ は明らかなフリップフロップの記述である．すなわち，書き込まれた値を次の書き込みまで保持している．

リスト 10.4　REG の VHDL 記述

```
library IEEE;
use IEEE.STD_LOGIC_1164.ALL;
use IEEE.STD_LOGIC_UNSIGNED.ALL;

entity REG is
   port( R:in std_logic;
         CO1,CO2,CO3,CO4,CO5,CO6:in std_logic_vector(3 downto 0);
         RO1,RO2,RO3,RO4,RO5,RO6:out std_logic_vector(3 downto 0) );
end REG;

architecture Behavioral of REG is
begin
process(R)
   begin
   if R'event and R='1' then
     RO1<=CO1; RO2<=CO2; RO3<=CO3; RO4<=CO4; RO5<=CO5; RO6<=CO6;
     end if;
   end process;
end Behavioral;
```

10.6 符号変換ブロック (COC)

10.6.1 7 セグメント数字表示器

10 進数字を表示する LED 型 7 セグメント数字表示器は図 10.5 のような構成になっている．一つの LED (luminescence emission diode, 発光ダイオード) を点灯させれば 1 辺のセグメントが輝くようになっている．ここでは同図 (b) に示すアノード共通型の数字表示器を用いて，生成される論理回路に直結するので，論理回路の出

10.6 符号変換ブロック (COC)

(a) セグメント　　**(b) 点灯回路 (アノード共通回路)**

図 10.5　7 セグメント数字表示器

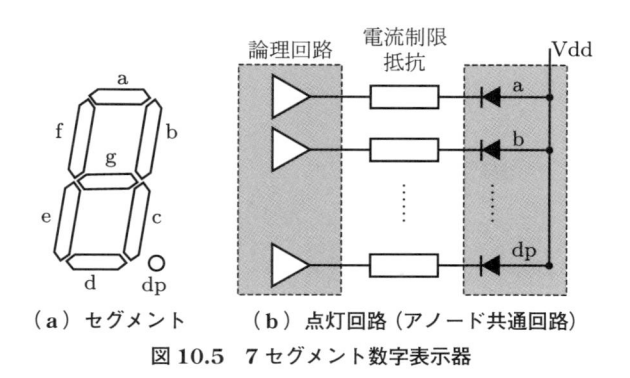

表 10.2　セグメント点灯データ

表示数字	データ	表示数字	データ
0	0000001	5	0100100
1	1001111	6	0100000
2	0010010	7	0001101
3	0000110	8	0000000
4	1001100	9	0000100

力が 0 で点灯し，出力が 1 で消灯する．（実験する場合，電流制限抵抗は，Vdd = 3.3 ～ 5 V において，500 ～ 1 kΩ 程度でよい.）

　数字表示器の 7 個のセグメントを組み合わせて数字を構成する点灯データは表 10.2 のとおりである．ただし，データのビット順はセグメント abc…g の順に対応している．

10.6.2　下位層部 (ENC)

　リスト 10.5 は BCD 符号をセグメント点灯データに変換するエンコーダ回路ブロック (ENC) の VHDL 記述である．入力は 4 bit の BCD，出力は 7 bit の *DLS* (data lighting segments) である．

　process 文中の case 文で BCD の値「"0000" ～ "1001"」に対応するセグメント点灯データを作成している．「"0000" ～ "1001"」以外の入力は想定されないので，回路の生成時に最適化の自由度が増し，使用ゲート数が減少するように，others に対しては不定値「"XXXXXXX"」の出力としている．

リスト 10.5　ENC の VHDL 記述

```vhdl
library IEEE;
use IEEE.STD_LOGIC_1164.ALL;
use IEEE.STD_LOGIC_UNSIGNED.ALL;

entity ENC is
   port( BCD:in std_logic_vector(3 downto 0);
         DLS:out std_logic_vector(0 to 6) );
end ENC;

architecture Behavioral of ENC is
begin
process(BCD)
  begin
  case BCD is
    when "0000" => DLS<="0000001";
    when "0001" => DLS<="1001111";
    when "0010" => DLS<="0010010";
    when "0011" => DLS<="0000110";
    when "0100" => DLS<="1001100";
    when "0101" => DLS<="0100100";
    when "0110" => DLS<="0100000";
    when "0111" => DLS<="0001101";
    when "1000" => DLS<="0000000";
    when "1001" => DLS<="0000100";
    when others => DLS<="XXXXXXX";
    end case;
  end process;
end Behavioral;
```

10.6.3　上位層部（COC）

　リスト 10.6 はセグメント点灯データエンコーダ（ENC）を下位層とする符号変換ブロック（COC）の VHDL 記述である．入力は REG ブロックの BCD 符号出力 $RO1 \sim RO6$ とカウント精度選択信号 S であり，出力はセグメント点灯データ信号 $EO1 \sim EO6$ である．

　component 文は下位層 ENC（リスト 10.5）の外形である．architecture 部のラベル $U1 \sim U6$ の文がその引用である．この層の信号名と下位層 ENC の対応する信号名とが異なっているので，ここではその対応を明確にするため，「port map(BCD=>RO1, DLS=>EO1)」のような記述を行っているが，「port map(RO1,EO1)」のように，この層で定義されている信号名だけを記述してもよい．

　出力 $EO1 \sim EO6$ は ENC の出力 $D1 \sim D6$ に位取りを表示する小数点の点灯信号

リスト 10.6　COC の VHDL 記述

```
library IEEE;
use IEEE.STD_LOGIC_1164.ALL;
use IEEE.STD_LOGIC_UNSIGNED.ALL;

entity COC is
   port( S:in std_logic;
         RO1,RO2,RO3,RO4,RO5,RO6:in std_logic_vector(3 downto 0);
         EO1,EO2,EO3,EO4,EO5,EO6:out std_logic_vector(0 to 7) );
end COC;

architecture Behavioral of COC is
   component ENC
    port( BCD:in std_logic_vector(3 downto 0);
          DLS:out std_logic_vector(0 to 6));
      end component;
   signal D1,D2,D3,D4,D5,D6:std_logic_vector(0 to 6);
begin
U1:ENC port map(BCD=>RO1,DLS=>D1); EO1<=D1 & '1';
U2:ENC port map(BCD=>RO2,DLS=>D2); EO2<=D2 & '1';
U3:ENC port map(BCD=>RO3,DLS=>D3); EO3<=D3 & (not S);
U4:ENC port map(BCD=>RO4,DLS=>D4); EO4<=D4 & S;
U5:ENC port map(BCD=>RO5,DLS=>D5); EO5<=D5 & '1';
U6:ENC port map(BCD=>RO6,DLS=>D6); EO6<=D6 & (not S);
end Behavioral;
```

を連結したものである．$EO3$, $EO4$, $EO6$ には S による小数点の点灯制御信号を連結し，また，$EO1$, $EO2$, および $EO5$ には小数点を不点灯とするための値「'1'」を連結する．

演習問題 10

10.1 リスト 10.3 のカウンタは，後段は前段の桁上げ出力に同期動作する機構となっているので，後段ほどその動作が少しずつ遅れてくる．もし，カウンタの段数がきわめて多くなった場合には，どのような弊害が考えられるか具体的に述べよ．

10.2 正確な周波数 64 kHz の発振器がある．これから秒パルスを作成してカウントし，時・分・秒を BCD 符号で出力する 24 時間表示時計を設計せよ．ただし，手動の時刻合わせ機能は省略して良い．

第11章
sin・cos 関数計算回路の設計

多くの分野の信号制御に，アナログ回路に代えて，ディジタル回路が利用されている．たとえば，アナログ回路では比較的容易に行える sin 関数信号の発生を，ディジタル回路ではどのようにするのか，興味を持っているであろう．

ここでは，より高度なディジタル回路の例として，sin 関数値と cos 関数値を同時に高速発生する回路の設計を取り上げる．まず，高速 sin・cos 関数値計算の CORDIC アルゴリズム理論を詳しく解説する．次に，この理論に基づいた実際の高速 sin 関数値計算回路の設計例を VHDL 記述で示す．

11.1 関数計算回路

関数値の計算回路については次のような 3 方式が考えられる．

　　方式 1：コンピュータや DSP でその都度計算する．
　　方式 2：予め計算して ROM に記憶しておく．
　　方式 3：専用計算回路でその都度計算する．

このうち，方式 1 は関数の演算に時間を要し，高速処理には適していない．なお，この関数計算のために，コンピュータや DSP を機器に組み込むことは経済的ではない．

方式 2 は，変数値をアドレスとして ROM に与えれば，そのアドレスに対応して関数値が記録してあるので，即，関数値を読み出すことができ，きわめて高速で，かつ，単純な機構の関数計算回路ができる．しかし，ROM 容量として変数データ bit 長の 2 乗の規模のものが必要となり，たとえば，変数データ bit 長が 16 bit の場合の容量は 1 M 語にもなる．さらに，この回路のための物理的空間も必要となるので，経済的でない．

方式 3 はディジタル回路向きの適当な計算アルゴリズムがあれば，方式 2 よりは低速であるが，方式 1 よりは高速であり，その他のディジタル回路とともに VHDL で記述して回路を FPGA に生成するので，きわめて経済性に優れたものである．

ディジタル回路向きの関数計算アルゴリズムとして CORDIC アルゴリズムがある．

11.2 CORDIC アルゴリズム

CORDIC (COordinate Rotational Digital Calculator) はボルダ (Volder) によって 1959 年に考案された初等関数計算アルゴリズムである．このアルゴリズムは加減算とシフト演算の繰り返しだけで関数計算ができるので，乗算が不得意なディジタル演算に適したものである．次に，sin 関数および cos 関数計算 CORDIC アルゴリズムを示す．

複素数直交座標系において，ベクトル V は次式のように表される．

$$V = x + jy = |V|\cos\theta + j|V|\sin\theta \tag{11.1}$$

このベクトル V を $-\theta$ だけ回転させて，実軸と重ね，これを V_0 とする．

ここで，図 11.1 に示すように，

$$V_0 \ (\theta_0 = 0, \ x_0 = |V|, \ y_0 = 0) \tag{11.2}$$

から始めて，途中，V_{i-1} と直角に大きさ $(1/2^{i-1})|V_{i-1}|$ のベクトル V'_{i-1} をとり，V_i と V との角差 $|\theta - \theta_i|$ が小さくなる向きに，$V_i = V_{i-1} + V'_{i-1}$ とすれば，

$$\theta_i = \theta_{i-1} + s_{i-1}\tan^{-1}\left(1/2^{i-1}\right) \tag{11.3}$$

ただし，$s_{i-1} = \begin{cases} +1 & (\theta_{i-1} \leq \theta) \\ -1 & (\theta_{i-1} > \theta) \end{cases}$

であり，

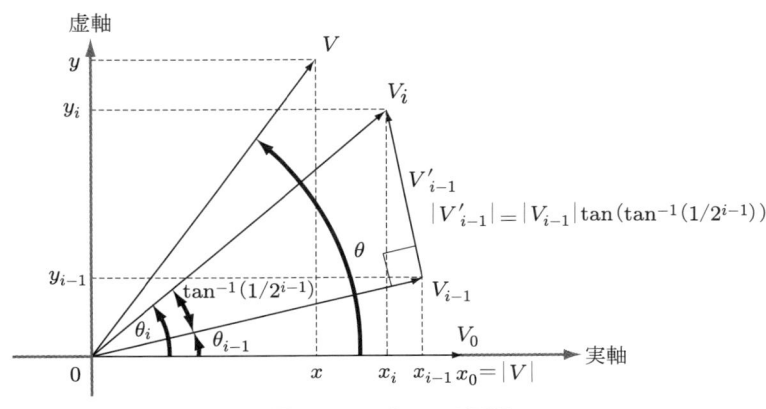

図 11.1 ベクトルの回転

$$x_i = x_{i-1} - s_{i-1}|V_{i-1}|\tan\left\{\tan^{-1}\left(\frac{1}{2^{i-1}}\right)\right\}\sin\theta_{i-1}$$
$$= x_{i-1} - s_{i-1}\left(\frac{1}{2^{i-1}}\right)|V_{i-1}|\sin\theta_{i-1} = x_{i-1} - s_{i-1}\left(\frac{1}{2^{i-1}}\right)y_{i-1} \tag{11.4}$$

$$y_i = y_{i-1} + s_{i-1}|V_{i-1}|\tan\left\{\tan^{-1}\left(\frac{1}{2^{i-1}}\right)\right\}\cos\theta_{i-1}$$
$$= y_{i-1} + s_{i-1}\left(\frac{1}{2^{i-1}}\right)|V_{i-1}|\cos\theta_{i-1} = y_{i-1} + s_{i-1}\left(\frac{1}{2^{i-1}}\right)x_{i-1} \tag{11.5}$$

となる．n 回の繰り返し後,

$$\theta_n \cong \theta \tag{11.6}$$

であれば,

$$x_n = \prod_{i=0}^{n-1}\sqrt{1+\left(\frac{1}{2^{i-1}}\right)^2}|V|\cos\theta \cong 1.64676026|V|\cos\theta \tag{11.7}$$

$$y_n = \prod_{i=0}^{n-1}\sqrt{1+\left(\frac{1}{2^{i-1}}\right)^2}|V|\sin\theta \cong 1.64676026|V|\sin\theta \tag{11.8}$$

となる．そこで,

$$\theta_0 = 0, \quad x_0 = |V| = \frac{1}{1.64676026}, \quad y_0 = 0 \tag{11.9}$$

から演算を開始し，途中,

$$\theta_i = \theta_{i-1} + s_{i-1}\tan^{-1}\left(\frac{1}{2^{i-1}}\right) \tag{11.10}$$

$$x_i = x_{i-1} - s_{i-1}\left(\frac{1}{2^{i-1}}\right)y_{i-1} \tag{11.11}$$

$$y_i = y_{i-1} + s_{i-1}\left(\frac{1}{2^{i-1}}\right)x_{i-1} \tag{11.12}$$

ただし，$s_{i-1} = \begin{cases} +1 & (\theta_{i-1} \leq \theta) \\ -1 & (\theta_{i-1} > \theta) \end{cases} \tag{11.13}$

とすれば，最終的に,

$$\begin{cases} x_n \cong \cos\theta \\ y_n \cong \sin\theta \end{cases} \tag{11.14}$$

が得られる．なお，$\tan^{-1}(1/2^{i-1})$ の値はあらかじめ計算して定数表を用意しておけばよく，また，$(1/2^{i-1})y_{i-1}$ の値は，y_{i-1} を「$i-1$」桁だけ右シフトすることにより，乗算回路を使用することなく，容易に計算できる．

例題 11.1 $\cos^{-1}(x)$ を計算する CORDIC アルゴリズムを考えよ．

解 本文（11.2 節の後半部）において，
$$\theta_0 = 0, \quad x_0 = |V| = \frac{1}{1.64676026}$$
から演算を開始し，途中，
$$x_i = x_{i-1} + s_{i-1}\left(\frac{1}{2^{i-1}}\right)y_{i-1}$$
$$\theta_i = \theta_{i-1} - s_{i-1}\tan^{-1}\left(\frac{1}{2^{i-1}}\right)$$
ただし，$s_{i-1} = \begin{cases} +1 & (x_{i-1} \leq x) \\ -1 & (x_{i-1} > x) \end{cases}$

とすれば，最終的に，
$$\theta_n = \cos^{-1} x$$
が得られる．

11.3 回路構成

データを 16 bit の 2 の補数表示固定小数点数とする．ただし，変数 θ の範囲を $-\pi/2 \sim +\pi/2$（$-1.570796 \sim +1.570796$）とすれば，符号 1 bit，整数部 1 bit，小数部 14 bit となるが，整数部を 3 bit とするようなほかの回路との都合もあり，符号 1 bit，整数部 3 bit，小数部 12 bit とすることにする．そこで，図 11.2 に示すように，（仮想）小数点は 12 ビット目にあるものとしてすべてのデータをスケーリング（scaling）する．すなわち，データ値の範囲を 10 進表示で $-8.00\cdots \sim +7.99\cdots$ とする．

関数の途中値 x_i の計算における右シフト演算 $(1/2^{i-1})y_{i-1}$ を考察すれば，y_{i-1} は最大でも 1.0 の近傍であるので，最大 13 bit 長となり，13 ビットの右シフト，すな

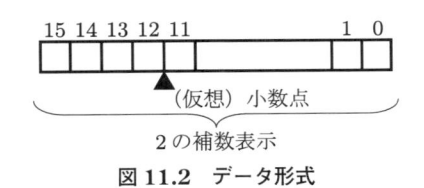

図 11.2 データ形式

第 11 章　sin・cos 関数計算回路の設計

わち，$i=14$ で 0 となってしまう．したがって，$i=14$ 以後の繰り返し演算は無意味となる．ゆえに，演算の繰り返しの回数を 13 と決定する．

　表 11.1 は $\tan^{-1}(1/2^{i-1})$ の定数表である．ここの 10 進数とはデータの小数点を無視して 16 bit 整数として読んだ値であり，真値が 1.00000 のとき 4096 となる．16 進数とは同じく 16 進整数として読んだもので，真値が 1.00000 のとき 1000 となる．また，初期値 $x_0=1/1.64676026$ は 10 進数で 2487，16 進数で 09B7 となる．

　演算の制御を考えれば，関数の途中値 x_i および y_i は x_{i-1} および y_{i-1} を算出した後でなければ演算を行えない．したがって，並行演算回路は無意味であり，繰り返し（逐次）演算回路となる．図 11.3 に制御の状態遷移図を示す．外部の回路は，演算要求信号 RQ を $0 \to 1$ にして関数計算を要求し，フラグ $READY$ が 1 になったのを認識して関数の計算値を受け取った後には，RQ を 0 に戻すものとする．状態 0 で，演算要号 $RQ=1$ を待ち，$RQ=1$ となれば初期値設定を行うとともに状態を 1 に進める．状態 1 では 1 回目の演算を行うとともに状態を 2 に進める．このようにして，演算を行うとともに状態を順に進めていき，状態 14 では，最後の計算値である関数値を出力し，演算終了フラグ $READY$ を立てる（1 とする）とともに，状態を 15 に進める．状態 15 では関数値の受け取りが終了したという意味の $RQ=0$ を待ち，$RQ=0$ となれば，フラグ $READY$ を下ろす（0 とする）とともに状態を 0 に戻す．

表 11.1　$\tan^{-1}(1/2^{i-1})$ の値

i	真　値	10 進数	16 進数	i	真　値	10 進数	16 進数
1	0.78540	3217	0C91	8	0.00781	32	0020
2	0.46365	1899	076B	9	0.00391	16	0010
3	0.24498	1003	03EB	10	0.00195	8	0008
4	0.12435	509	01FD	11	0.00098	4	0004
5	0.06242	256	0100	12	0.00049	2	0002
6	0.03124	128	0080	13	0.00024	1	0001
7	0.01562	64	0040	14	0.00012	0	0000

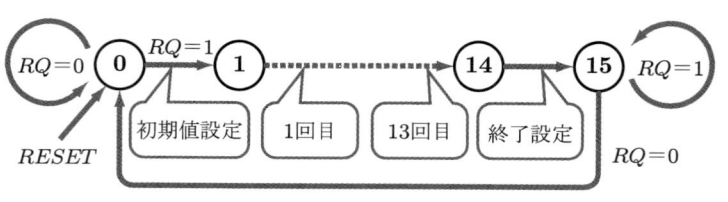

図 11.3　制御の状態遷移図

図 11.4 はこの制御のタイミング図である．強制リセット信号 $RESET$ により初期状態 0 となり，停止する①．$RQ=1$ を検出すれば $CLOCK$ 毎に状態は進む②．状態 15 において停止し，$READY$ を $0 \rightarrow 1$ とする③．外部の回路は $READY=1$ を検出して RQ を $1 \rightarrow 0$ とする④．$RQ=0$ を検出すれば初期状態 0 に戻り，停止する⑤．

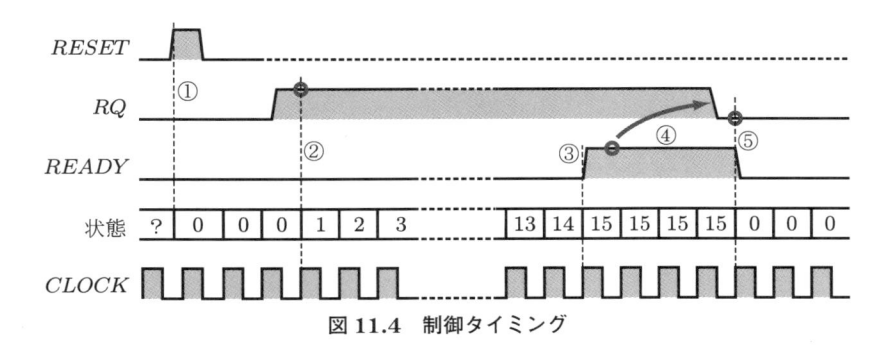

図 11.4　制御タイミング

11.4　VHDL 記述

sin・cos 関数計算回路の VHDL 記述をリスト 11.1 に示す．entity 部 port のインターフェースは，$RESET$ はリセット信号，$CLOCK$ はクロック信号，RQ は演算要求信号，$READY$ は演算終了フラグである．各信号の関係は図 11.4 のとおりである．16 bit の角度（rad）信号 TH を入力してその sin 関数値 SIN および cos 関数値 COS を出力する．

architecture 部において，subtype 文は表 11.1 の定数表を 16 bit データの配列（array）とするために，まず，「std_logic_vector (15 downto 0)」を型 CONST_TYPE と宣言するものである．続く type 文はこの ONST_TYPE を使用して定数表の型を宣言するものである．これに続く constant 文は定数表 CONST の定義である．この詳細については後述する．

signal 文において，Q は制御状態変数，X, XX, Y, YY, Z は演算ための作業変数である．

①で示した文は Z と TH との大小をチェックするために行う減算である．「Z<TH」のときに W は負となる．②および③の文は X および Y を「Q-1」bit だけ右算術シフトして，それぞれ，XX および YY を作成する回路である．

process 文は計算回路の制御機構である．$RESET$ と $CLOCK$ を起因リストとする．以下の回路（文）を $CLOCK$ の立ち上がりに同期して制御するので，「if CLOCK' event and CLOCK = '1' then ...」を記述している．

第 11 章　sin・cos 関数計算回路の設計

リスト 11.1　sin・cos 関数計算回路の VHDL 記述

```vhdl
library IEEE;
use IEEE.STD_LOGIC_1164.ALL;
use IEEE.STD_LOGIC_UNSIGNED.ALL;

entity Cordic is
  Port ( RESET,CLOCK,RQ : in std_logic;
         READY : out std_logic;
         TH : in std_logic_vector(15 downto 0);
         COS,SIN : out std_logic_vector(15 downto 0));
end Cordic;

architecture Behavioral of Cordic is
  subtype CONST_type is std_logic_vector(15 downto 0);
  type ARRAY_DATA is array(0 to 12) of CONST_type;
  constant CONST:ARRAY_DATA :=ARRAY_data'(
              "0000110010010001","0000011101101011",  -- 0C91, 076B
              "0000001111101011","0000000111111101",  -- 03EB, 01FD
              "0000000100000000","0000000010000000",  -- 0100, 0080
              "0000000001000000","0000000000100000",  -- 0040, 0020
              "0000000000010000","0000000000001000",  -- 0010, 0008
              "0000000000000100","0000000000000010",  -- 0004, 0002
              "0000000000000001"  );                  -- 0001
  signal Q:integer range 0 to 15;
  signal X,XX,Y,YY,Z,W : std_logic_vector(15 downto 0);
begin
W<=Z-TH;                                              --①
XX<=to_stdlogicvector( to_bitvector(X) sra Q-1 );     --②
YY<=to_stdlogicvector( to_bitvector(Y) sra Q-1 );     --③
process(RESET,CLOCK)
  begin
  if RESET='1' then Q<=0; READY<='0';
    elsif CLOCK'event and CLOCK='1' then
      if Q=0 then                                    --④
          if RQ='1' then
            READY<='0';
            Z<=(others=>'0');
            X<="0000100110110111";  -- 09B7
            Y<=(others=>'0');
            Q<=1;
          end if;
        elsif Q<14 then                              --⑤
            if W(15)='1' then                        --⑥
          X<=X-YY; Y<=Y+XX; Z<=Z+CONST(Q-1);
          else
          X<=X+YY; Y<=Y-XX; Z<=Z-CONST(Q-1); end if;
       Q<=Q+1;
```

11.4 VHDL 記述

リスト 11.1 （続き）

```
        elsif Q=14 then READY<='1'; COS<=X; SIN<=Y; Q<=15;  ——⑦
        else  ——⑧
            if RQ='0' then Q<=0; READY<='0'; end if;
        end if;
    end if;
  end process;
end Behavioral;
```

④の文は状態 0 のときに RQ が 1 になった場合の初期値設定である．

⑤の文は状態 1 ～ 13 における動作である．Q の値 1 ～ 13 は 11.2 節のアルゴリズムで述べた i（＝1～13）に相当する．⑥の $W(15)$ は符号ビットであるので，「W(15)='1'」は $Z<TH$ を表している（参照：①の文）．回路「X<=X-YY; Y<=Y+XX;」における XX と YY とは，代入される直前の X と Y により，②と③の回路で計算された増分である．また，代入は，文の記述順序に無関係に，X と Y とが同時に行われる．「Q<=Q+1」で状態を一つ進める．

⑦の文は状態 14 における動作である．$READY$ フラグを立てて，X を COS に，Y を SIN に代入して，状態 15 に進む．

⑧の文は状態 15 における動作である．ここで，RQ が 0 になるのを待ち，$READY$ フラグを下ろして（$READY$ をクリアして），状態を初期状態 0 に戻す．

■■■ データの配列宣言

同じ型の信号を多数並べておき，その一つをインデクスで選択する配列宣言は次のように記述する．

```
subtype  型名  is  データの型 ;
type  データ名 : array(  インデクスの範囲  )of  型名 ;
```

ここに，インデクスは整数型信号であり，次の記述でその選択を行う．

```
データ名(  インデクス  )
```

■■■ 定数宣言

定数に名前を付けておき，この名前によって記述を行う場合は，次のようにその定数宣言を記述する．

```
constant  データ名 : 型名 := 型名'(  定数の並び  );
```

ここに，「：＝ 型名'（　定数の並び　）」は定数を示す属性（attribute，アトリ

ビュート）である．定数並びは定数が配列の場合は定数をコンマ「,」で区切って並べる．定数並びの定数の個数は,型名に宣言してある配列数に一致しなければならない．

参考 sin・cos 関数計算回路のゲート使用量は，著者が 15 万ゲート規模 FPGA 上で作成実験した例では，約 5 千ゲートであった．

演習問題 11

11.1 リスト 11.1 では小数部のビット長は 12bit である．関数値の精度を上げるため小数部を 14 bit とする場合，演算の繰り返し回数はいくらが適当か．

11.2 1 バイト（8 bit）のデータを記憶する容量が 64 バイトのメモリを記述せよ．ただし，インターフェースおよび信号タイミングは図 11.5 のとおりとする．すなわち，ADDRESS が与えられるとデータが読み出され，ADDRESS と DATA_IN が与えられると WRITE の立ち下がりでデータが書き込まれる．

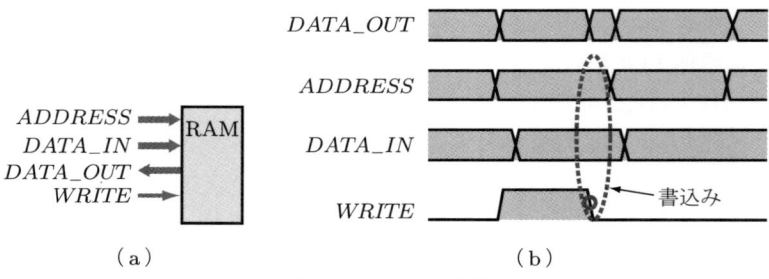

図 11.5 RAM の信号

第12章 ディジタルフィルタ回路

ディジタル信号処理に利用されるディジタルフィルタは，何段かのパラレルシフトレジスタを中心に，係数乗算器と加算器だけを要素とする回路である．回路の構造と係数乗算器の係数を適当に定めることにより，フィルタの希望する特性が得られる．ディジタルフィルタに関する記述は長大であり，また，その記述は本書の目的にも適合しないので，原理，回路構造や回路定数の決定方法などについては，他書[*1]を参考とすることにして省略する．ここでは，すでに得られている回路構造とその回路の定数値を使用して，実際のディジタル電子回路として実現することだけを取り上げる．FIR型ディジタルフィルタ回路とIIR型ディジタルフィルタ回路という構造の異なった2種のディジタルフィルタ回路をVHDL記述した例について述べる．

12.1 FIR型ディジタルフィルタ

12.1.1 構造と回路構成

FIR (finite impulse response) 型 N 次のディジタルフィルタは，図12.1に示すように，N段（一般に，$N=30 \sim 300$）のパラレルシフトレジスタに入力信号 u を加え，

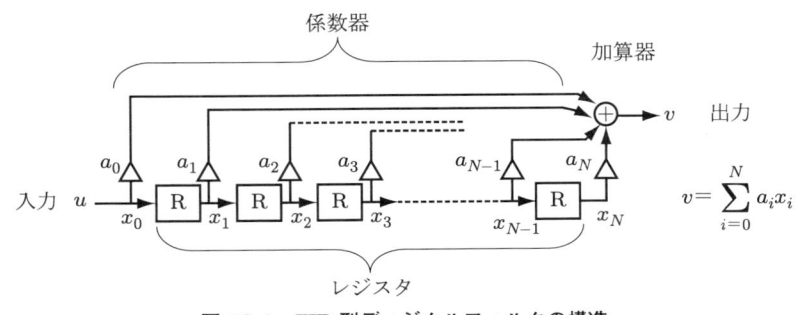

図 12.1 FIR型ディジタルフィルタの構造

$$v = \sum_{i=0}^{N} a_i x_i$$

---

*1 兼田護著，「ディジタル信号処理の基礎」（森北出版）

第12章　ディジタルフィルタ回路

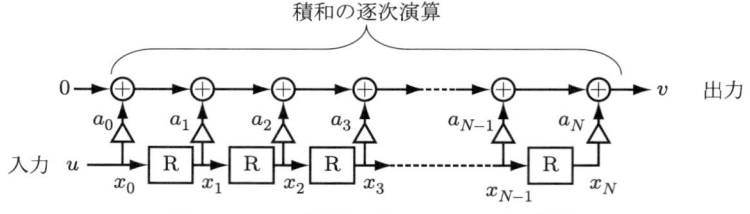

図 12.2　FIR 型ディジタルフィルタの演算

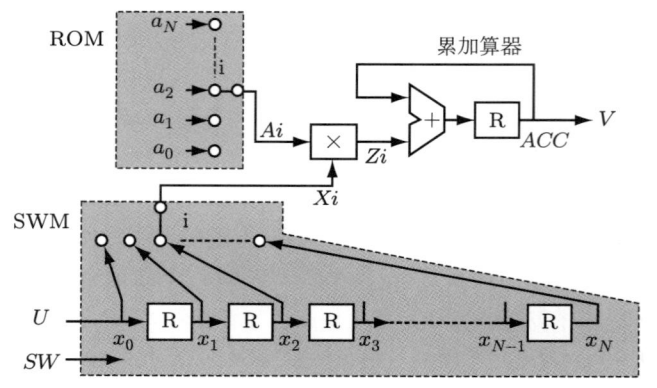

図 12.3　1 個の乗算器による積和逐次演算

その各段の変数 $x_0, \cdots, x_N$ にそれぞれに係数 $a_0, \cdots, a_N$ を掛けて加算したものを出力 v とするものである．概ね，N は遮断の傾斜を与え，係数はフィルタの周波数特性を与える．FIR 型ディジタルフィルタは，その通過域での位相遅れを周波数に比例させることができるので，理想的なフィルタとして広く用いられている．

この形式のディジタルフィルタをハードウェア化する場合の問題点は，積和演算の数が多量であるため，原理どおりのパラレル演算回路構成とした場合には，FPGA の使用可能ゲート数をはるかに超えてしまうことである．たとえば，1 個の積和に約 1600 ゲートが使用されるとすれば，100 次の FIR フィルタの場合，積和演算だけで，16 万ゲートを使用することになり，標準的 (10～20 万ゲート規模) FPGA 上では実現が困難となる．

ディジタル信号のサンプリング周波数が比較的低い場合には，図 12.2 のように積和演算を逐次形構成とすることにより，ゲート使用量を大幅に低減できる．すなわち，図 12.3 のように，パラレル整数乗算器と累加算器とを組み合わせた 1 個の積和演算器を用意し，変数とその係数を 1 クロック時間毎に切り替えて乗算と加算を行い，$N+1$ クロック時間で 1 サンプリングの積和演算を完了する機構である．したがって，回路の同期用クロックの周波数 f_0 とディジタル信号サンプリングの周波数には次式

の関係が必要である．

$$f_0 > (N+1)f_s \tag{12.1}$$

12.1.2　回路設計

図 12.4 は，正規化カットオフ周波数 $\Omega_c = 0.25$，$N = 60$，ハミング窓の低域（通過）ディジタルフィルタ（digital low pass filter）の理論特性である．ただし，位相特性のグラフにおいては，180°遅れは180°進みと等価であるので，180°以上の遅れを折り返して示している．このときの係数 $a_0, \cdots, a_N$ は表 12.1 のとおりである．ここに，正規化カットオフ周波数 Ω_c とは，サンプリング周波数 f_s の 1/2 を基準とするもので，カットオフ周波数を f_c とすれば，

$$\Omega_c = \frac{f_c}{f_s/2} \tag{12.2}$$

となる．ここではこのディジタルフィルタを回路化する設計を行う．

主な仕様は次のとおりである

---

(1) サンプリング周波数 $f_s = 100$ kHz（カットオフ周波数 $f_c = 12.5$ kHz）とし，回路の同期クロックの周波数を 32 MHz とする．

(2) データは 16 bit の 2 の補数表示整数とする．

(3) 乗算器は並列整数乗算器とし，1 個だけしか使用しない．

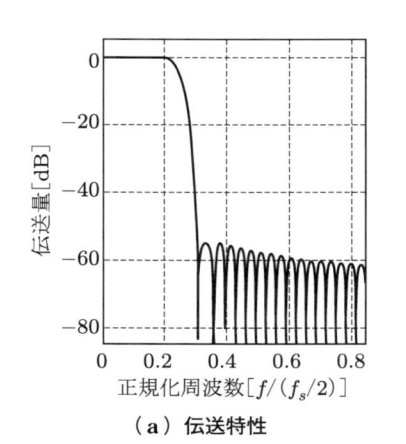

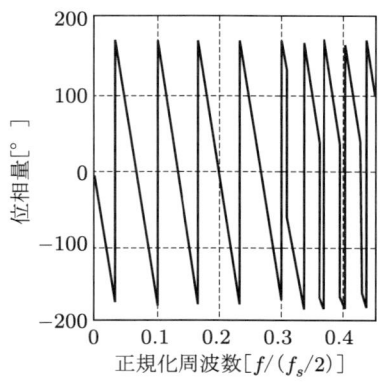

（a）伝送特性　　　　　　　　　（b）位相特性

図 12.4　FIR フィルタの特性例

第 12 章　ディジタルフィルタ回路

表 12.1　係数表

i	a_i	i	a_i	i	a_i	i	a_i	i	a_i
0	−0.0008490	13	0.0058830	25	−0.0422420	37	−0.0283550	49	0.0041810
1	−0.0006400	14	0.0000000	26	0.0000000	38	0.0000000	50	0.0000000
2	0.0000000	15	−0.0081030	27	0.0733370	39	0.0202670	51	−0.0028900
3	0.0008550	16	−0.0133710	28	0.1575550	40	0.0245100	52	−0.0033600
4	0.0014660	17	−0.0110050	29	0.2245120	41	0.0148780	53	−0.0019390
5	0.0012750	18	0.0000000	30	0.2500000	42	0.0000000	54	0.0000000
6	0.0000000	19	0.0148780	31	0.2245120	43	−0.0110050	55	0.0012750
7	−0.0019390	20	0.0245100	32	0.1575550	44	−0.0133710	56	0.0014660
8	−0.0033600	21	0.0202670	33	0.0733370	45	−0.0081030	57	0.0008550
9	−0.0028900	22	0.0000000	34	0.0000000	46	0.0000000	58	0.0000000
10	0.0000000	23	−0.0283550	35	−0.0422420	47	0.0058830	59	−0.0006400
11	0.0041810	24	−0.0483910	36	−0.0483910	48	0.0070360	60	−0.0008490
12	0.0070360								

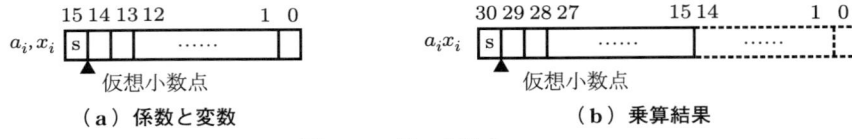

図 12.5　データ形式

仕様（1）については，クロックが 32 MHz であるので，これを 1/320 に分周し，100 kHz のサンプリング信号を作成することを示している．そこで，この分周カウンタの状態 0 〜 319 のうち，0 〜 60 で FIR ディジタルフィルタの積和演算を制御し，あわせて，状態 0 〜 159 では 1 を出力し，状態 160 〜 319 では 0 を出力して，デューティ比 50% のパルスのサンプリング信号を作成すればよい．（しかし，サンプリングパルスのデューティ比を 50% にする必要性はない．）

仕様（2）についてはデータ（変数および係数など）を固定小数点数として扱うことを示している．ここで，係数は $|a_i|<1$ であるので，変数も，$|x_i|<1$ とすれば，図 12.5 に示すように，データは符号ビットの直後に仮想の小数点がある 2 の補数表示整数データとすることができる．また，変数と係数の乗算結果は倍長となるので，結果の下位 15 ビットを除去し，単語長とする．また，係数の換算は，真値 1.0…0 に対応する換算値を 32768（$=2^{15}$）とすればよい．

仕様（3）については，積和演算回路を，図 12.3 のように，係数読み出しには単なる ROM を使用し，変数読み出しにはシフト書き込みが可能なメモリを使用すればよい．両メモリとも，その読み出しアドレスには順序回路状態値（$=0$ 〜 319）の 0 〜 60 だけを対応させればよい．

12.1　FIR 型ディジタルフィルタ

12.1.3　上位層部の VHDL 記述

リスト 12.1 は図 12.3 に示す ROM と SWM を下位層とする FIR 型 60 次ディジタルフィルタ回路の上位層部の VHDL 記述である．

インターフェース (port 文) については，入力 $CLOCK$ は 32 MHz の同期信号，出力 $SAMP$ はディジタルサンプリング信号，U, V はそれぞれフィルタ入出力である．U と V を 2 の補数表示整数 integer とし，16 bit に限定するために，範囲指定「range -32768 to 32767」を付加している．

architecture 部の説明に移る．2 個の component 文は ROM ブロックおよび SWM (shift writable memory) ブロックを下位層部としていることを示している．それぞれの外形は図 12.3 のとおりであり，詳細は後述する．

信号 Q は 32 MHz の $CLOCK$ を 1/320 に分周するときの順序制御変数であり，0 〜 319 の値をとる．信号 $ADDRESS$ は ROM および SWM の読み出しアドレスとなり，0 〜 60 の値をとる．係数 Ai と変数 Xi は ROM と SWM から読み出される値であり，Zi はその積である．ACC は積和演算のための累算レジスタである．いずれも，16 bit の 2 の補数表示整数である．SW は SWM のシフト書き込みのタイミングを示す信号である．

文「Zi<=(Xi*Ai)/32768;」は変数 Xi と係数 Ai とを乗算し，下位 15 bit を切り捨てて，単語長の Zi を得ている．算術項「/32768」は 15 ビット右シフト回路となる．除算演算子「/」はシフト回路として生成されるので，「/」の右辺は 2 のべき (2^m) でなければならない．

ラベル U0 と U1 の引用文は下位層の回路ブロック ROM と SWM である．$ADDRESS$ を指定すれば，それぞれ，対応する内容データ Ai とデータ Xi が読み出しされる．

process 文は，$CLOCK$ を同期信号とする順序制御回路である．制御状態変数 Q の値に応じた回路動作を case 文で記述している．「When 0 to 60 =>」では，ROM と SWM のアドレスとして Q を与え，積和の累算「ACC<=ACC+Zi;」を行う．「when 61 =>」では，最後の積和の結果 ACC を V として出力し，同時に，次のサンプリング時間の積和演算のために，ACC をクリアし，SW を 1 として，入力信号 U を SWM へシフト書き込みする．なお，シフト書き込み信号 SW は Q=62 のときだけ 1 となる．

サンプリング信号 $SAMP$ は Q が 0 〜 159 の間は 1，また，160 〜 319 の間は 0 であるので，$CLOCK$ の周波数の 1/320 の周波数で，デューティ比 50% のパルスとなる．ただし，信号 $SAMP$ は内部では使用されず，外部回路のために出力されるものとしている．

ディジタルフィルタ動作は無限の繰り返しであるので，リセット信号等による各信号の初期値設定は不要である．図 12.6 は各信号のタイミングである．図中の遅延は，$CLOCK$ に対する同期動作の遅れを少々誇張して示したものである．

第12章 ディジタルフィルタ回路

リスト12.1　FIR型フィルタのVHDL記述

```
library IEEE;
use IEEE.STD_LOGIC_1164.ALL;
use IEEE.STD_LOGIC_UNSIGNED.ALL;

entity fir60 is
 Port ( CLOCK:in std_logic;
        SAMP:out std_logic;
        U:in   integer range -32768 to 32767; -- 16 bit
        V:out integer range -32768 to 32767 );
end fir60;

architecture Behavioral of fir60 is
 component ROM is
  port( ADDRESS:in  integer range 0 to 60;
        ROM_OUT:out integer range -32768 to 32767 );
      end component;
 component SWM is
  Port( ADDRESS:in  integer range 0 to 60;
           SWM_OUT:out integer range -32768 to 32767;
           SW:in std_logic;
           SWM_IN :in  integer range -32768 to 32767 );
   end component;
 signal Q:integer range 0 to 319;
 signal ADDRESS:integer range 0 to 60;
 signal Xi,Ai,Zi,ACC:integer range -32768 to 32767;
 signal SW:std_logic;
begin
Zi<=(Xi*Ai)/32768;
U0:ROM port map( ADDRESS,Ai );
U1:SWM port map( ADDRESS,Xi,SW,U );
process(CLOCK)
 begin
 if CLOCK'event and CLOCK='1' then
   case Q is
        when 0 to 60=> Q<=Q+1; ADDRESS<=Q; ACC<=ACC+Zi;
        when 61     => Q<=Q+1; SW<='1'; V<=ACC; ACC<=0;
   when 62     => Q<=Q+1; SW<='0';
        when 159    => Q<=Q+1; SAMP<='0';
        when 319    => Q<=0;   SAMP<='1';
   when others => Q<=Q+1;
        end case;
end if;
  end process;
end Behavioral;
```

12.1 FIR 型ディジタルフィルタ

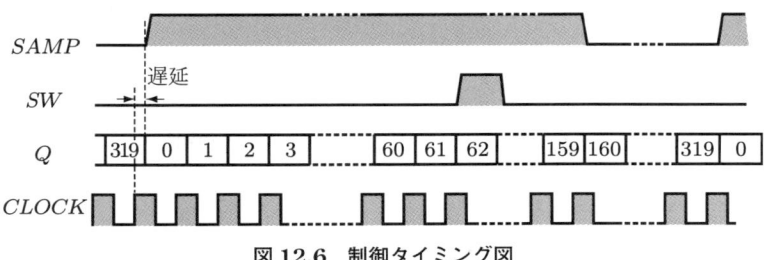

```
SAMP
           ←遅延
SW
Q    319 0 1 2 3   60 61 62   159 160   319 0
CLOCK
```

図 12.6 制御タイミング図

12.1.4 ROM ブロックの VHDL 記述

　リスト 12.2 に ROM ブロックの VHDL 記述を示す．ROM ブロックは，インデクス $i=0, 1, \cdots, 60$ に対応する係数 a_i を求めるもので，i をアドレスとして与えて，その記憶内容を読み出しす読み出し専用メモリ回路となっている．

　subtype 文で要素の型「`integer range -32768 to 32767`」を DATA_TYPE 型として宣言している．続いて，type 文で要素の型の 1 次元配列「`array(0 to 60)`」を ARRAY_DATA 型として型宣言している．

　constant 文は定数定義文である．A はデータの名前であり，その型が先に型宣言している ARRAY_DATA 型である．また，記述項「`:=ARRAY_DATA'(…)`」は ARRAY_DATA 型の定数を定義するもので，定数並び「…」に定数値をコンマ区切りで記述している．

リスト 12.2　ROM の VHDL 記述

```vhdl
library IEEE;
use IEEE.STD_LOGIC_1164.ALL;
use IEEE.STD_LOGIC_UNSIGNED.ALL;

entity ROM is
  Port( ADDRESS:in  integer range 0 to 60;
        ROM_OUT:out integer range -32768 to 32767 );
end ROM;

architecture Behavioral of ROM is
 subtype DATA_TYPE is integer range -32768 to 32767;
 type ARRAY_DATA is array(0 to 60) of DATA_TYPE;
 constant A : ARRAY_DATA := ARRAY_DATA'(
```

第12章 ディジタルフィルタ回路

リスト 12.2　（続き）

```
         -27,      -20,        0,        28,
          48,       41,        0,       -63,
        -110,      -94,        0,       137,
         230,      192,        0,      -265,
        -438,     -360,        0,       487,
         803,      664,        0,      -929,
       -1585,    -1384,        0,      2403,
        5162,     7356,     8192,      7356,
        5162,     2403,        0,     -1384,
       -1585,     -929,        0,       664,
         803,      487,        0,      -360,
        -438,     -265,        0,       192,
         230,      137,        0,       -94,
        -110,      -63,        0,        41,
          48,       28,        0,       -20,
         -27                                                    );
begin
ROM_OUT<=A(ADDRESS);
end Behavioral;
```

12.1.5　SWMブロックのVHDL記述

　リスト12.3にSWMブロックのVHDL記述を示す．SWMブロックは，インデクス $i=0, 1, \cdots, 60$ に対応する変数 x_i を求めるもので，i をアドレスとして与えて，その記憶内容を読み出しすメモリ回路となっている．

　subtype文で要素の型「integer range -32768 to 32767」をDATA_TYPE型として宣言している．続いて，type文で要素の型の1次元配列「array(0 to 60)」をARRAY_DATA型として型宣言している．

　signal文では，X は変数の名前であり，その型は先に宣言したARRAY_DATA型であることを示している．

　process文は信号 SW が1のときだけ，レジスタにシフト書き込みを行う回路である．すなわち，「X(0)<=SWM_IN;」，および，for文で記述したシフト回路「X(1)<=X(0);…; X(60)<=X(59);」が同時に動作する．

　FIRディジタルフィルタの構造図12.1を参照すれば，$X(0)$ というレジスタは不要であるが，これを使用すれば読み出し機構がROMブロックと同形となるので，理解を容易にするために，あえて，付加している．

参考　本回路のゲート使用量は，著者が15万ゲート規模FPGA上で作成実験した例では，下層部を含めて，約1万6千ゲートであった．

リスト 12.3　SWM の VHDL 記述

```
library IEEE;
use IEEE.STD_LOGIC_1164.ALL;
use IEEE.STD_LOGIC_UNSIGNED.ALL;

entity SWM is
  Port ( ADDRESS:in  integer range 0 to 60;
         SWM_OUT:out integer range -32768 to 32767;
         SW:in std_logic;
         SWM_IN :in  integer range -32768 to 32767 );
end SWM;

architecture Behavioral of SWM is
 subtype DATA_TYPE is integer range -32768 to 32767;
 type ARRAY_DATA is array(0 to 60) of DATA_TYPE;
 signal X:array_DATA;
begin
SWM_OUT<=X(ADDRESS);
process(SW)
 begin
 if SW='1' then
  X(0)<=SWM_IN;
  for I in 1 to 60 loop  X(I)<=X(I-1); end loop;
  end if;
 end process;
end Behavioral;
```

12.2　IIR 型ディジタルフィルタ

12.2.1　構造と回路構成

IIR (infinite impulse response) 型ディジタルフィルタは図 12.7 の信号 $b_1 x_1$ などのように，帰還 (再帰) 機構を有するディジタルフィルタである．回路としては多くの形式があるが，パラレルシフトレジスタ 2 段を有する 2 次形を基本とし，この基本形をカスケードまたはパラレル接続して，高次のフィルタを構成するものが広く用いられている．図 12.7 はバイカッド (bi-quad) とよばれる 2 次の基本回路である．

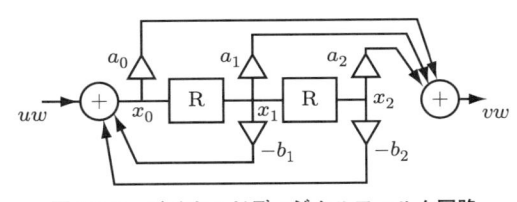

図 12.7　バイカッドディジタルフィルタ回路

IIR 型フィルタは，FIR 型フィルタに比して，低次数で所要の減衰量を得ることができるので，より高い周波数のフィルタが実現可能であるという利点を有している．しかし，その移相量の制御は容易ではない．また，帰還を有しているので，信号振幅が過大となった場合には発振状態に陥ることがある．

12.2.2　回路設計

図 12.8 に示すバイカッドを 8 段カスケードした 16 次 IIR ディジタルフィルタにおいて，正規化カットオフ周波数 0.25 の低域（通過）フィルタの理論周波数特性例を図 12.9 に示す．このときの係数 a_i および b_i の値は表 12.2 に示すとおりである．ここでは，このディジタルフィルタを回路化する設計を行う．

主な仕様は次のとおりである．

(1) サンプリング周波数 f_s = 4 MHz（カットオフ周波数 f_c = 0.5 MHz）とし，回路の同期クロックの周波数を 32 MHz とする．［参照：式 (12.2)］
(2) 信号（データ）は 16 bit の 2 の補数表示整数とする．
(3) 並列整数乗算器を 5 個だけ用いて，1 クロック時間で動作するバイカッドを作成し，全体はバイカッド 8 段の逐次動作とする．

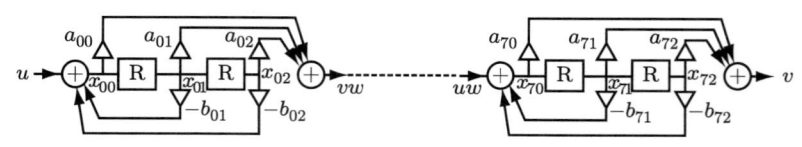

図 12.8　バイカッド 8 段縦続ディジタルフィルタ回路

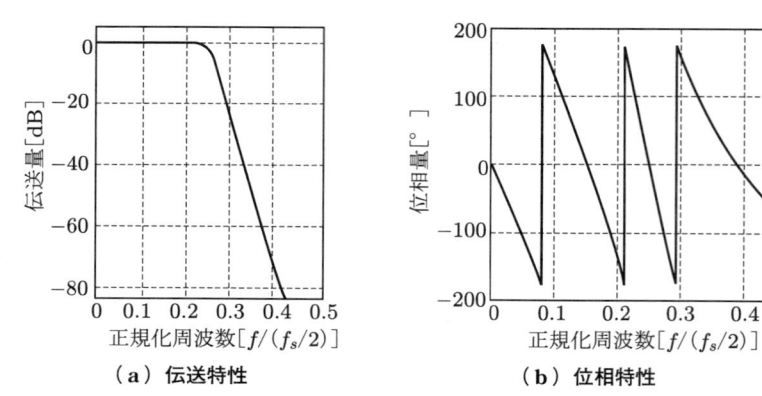

（a）伝送特性　　　　　　　　　　（b）位相特性
図 12.9　IIR 型フィルタ周波数特性例

12.2 IIR 型ディジタルフィルタ

表 12.2 係数表

段		0	1	2	段		0	1	2
0	a	0.136954	0.273909	0.136954	4	a	0.094689	0.189379	0.094689
	b	——	-1.322550	0.870367		b	——	-0.914401	0.293158
1	a	0.121506	0.243012	0.121506	5	a	0.090198	0.180396	0.090198
	b	——	-1.173366	0.659390		b	——	-0.871029	0.231821
2	a	0.109835	0.219671	0.109835	6	a	0.087344	0.174689	0.087344
	b	——	-1.060665	0.500006		b	——	-0.843471	0.192848
3	a	0.101096	0.202193	0.101096	7	a	0.085958	0.171916	0.085958
	b	——	-0.976273	0.380659		b	——	-0.830083	0.173914

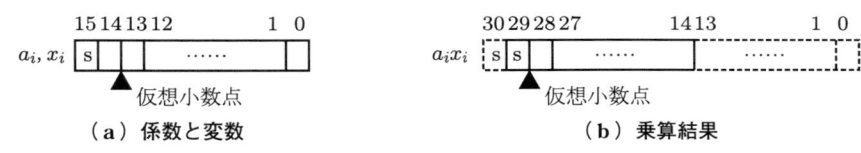

（a）係数と変数　　　　**（b）乗算結果**

図 12.10　データ形式

仕様 (1) については，高速な AD 変換器を用いて，ラジオ受信機の中間周波数程度の信号が直接に処理できるものである．

仕様 (2) については，最大の係数が $2>|b_i|>1$ であるので，図 12.10 に示すような位置に（仮想）小数点を有する固定小数点データとして，各係数および変数 x_i を取り扱う．すなわち，真値 $1.0\cdots0$ に対して整数 $16384\,(=2^{14})$ となる換算を行う．ただし，乗算で得られる倍長 (31 bit) 整数値の下位 14 bit を除去して単語長化する必要がある．よって，変数 x_i の最大値については，おおよそ，$|x_i|<2^{-1}$ でなければならない．

仕様 (3) については，パラレル動作のバイカッド回路を 1 個だけ作成し，クロックのタイミングで，係数および変数を逐次に切り替えて，8 クロックで 8 段のバイカッド処理を行う回路とする．全体の繰り返しは 4 MHz となり，サンプリング周波数に一致する．

例題 12.1 12.2.2 項で設計した IIR 型ディジタルフィルタ回路の変数の値精度は，先に設計した，12.1.2 項の FIR 型ディジタルフィルタに比して，約 $1/2$ である．その理由を説明せよ．

解 FIR 型の場合は係数は，$|a_i|<1$ であるので，変数も，$|x_i|<1$ である．一方，IIR 型の場合は，変数の最大が $2>|b_i|>1$ であるので，変数については，おおよそ，$|x_i|<2^{-1}$ でなければならない．よって，前者の変数の有効ビット数 15 に対し，後者のそれは 14 となり，精度が $1/2$ に減じている．

12.2.3 VHDL 記述

リスト 12.4 はバイカッド 8 段カスケード 16 次 IIR フィルタの VHDL 記述である．インターフェース（port 文）については，CLOCK は 32 MHz の回路同期信号入力，SAMP はディジタル信号処理サンプリング信号出力，U および V はそれぞれ 2 の補数表示整数型のディジタルフィルタの入出力信号である．

内部信号については，Q は $CLOCK$ による順序制御の状態変数であり，$0 \sim 7$ の値をとる．$X0, \cdots, VW$ はそれぞれ基本回路バイカッドの変数信号，係数，および，入出力信号であり，いずれも，2 の補数表示整数である．$X01, X02, \cdots, X72$ は各段にある 2 段シフトレジスタの値（変数）である．

基本であるバイカッド回路は文「X0<=UW-(X1*B1+X2*B2)/16384;」と文「VW<=(X0*A0+X1*B1+X2*A2)/16384;」との 2 文で記述している．前者はバイカッドの入力と帰還部の積和演算である．「/16384」は，12.1.3 項で述べたように，除算ではなく，14 bit 算術右シフトを行い，倍長となった乗算結果の小数点位置を揃えるものである．後者はバイカッド出力 VW を求めている．

process 文は，$CLOCK$ を同期信号として，12.3.2 項の仕様（3）に示した逐次動作

リスト 12.4 IIR 型フィルタの VHDL 記述

```
library IEEE;
use IEEE.STD_LOGIC_1164.ALL;
use IEEE.STD_LOGIC_UNSIGNED.ALL;

entity IIR_2_8 is
  Port ( CLOCK:in std_logic;
         SAMP:out std_logic;
         U:in   integer range -32768 to 32767;
                V:out integer range -32768 to 32767 );
end IIR_2_8;

architecture Behavioral of IIR_2_8 is
  signal Q:integer range 0 to 7;
  signal X0,X1,X2,A0,A1,A2,B1,B2,UW,VW  :integer range -32768 to 32767;
  signal X01,X02,X11,X12,X21,X22,X31,X32,
         X41,X42,X51,X52,X61,X62,X71,X72:integer range -32768 to 32767;
begin
X0<=UW-(X1*B1+X2*B2+8192)/16384;
VW<=(X0*A0+X1*A1+X2*A2+8192)/16384;
process(CLOCK)
 begin
```

12.2 IIR型ディジタルフィルタ

リスト12.4 （続き）

```
  if CLOCK'event and CLOCK='1' then
    case Q is
      when 0 => V<=VW; UW<=U; X71<=X0; X72<=X1; X1<=X01; X2<=X02;
                A0<=2243; A1<=4487; A2<=2243; B1<=-21668; B2<=14260; Q<=1;
      when 1 => UW<=VW; X1<=X11; X2<=X12; X01<=X0; X02<=X1;
                A0<=1990; A1<=3981; A2<=1990; B1<=-19224; B2<=10803; Q<=2;
      when 2 => UW<=VW; X1<=X21; X2<=X22; X11<=X0; X12<=X1;
                A0<=1799; A1<=3599; A2<=1799; B1<=-17377; B2<=8192; Q<=3;
      when 3 => UW<=VW; X1<=X31; X2<=X32; X21<=X0; X22<=X1; SAMP<='0';
                A0<=1656; A1<=3312; A2<=1656; B1<=-15995; B2<=6236; Q<=4;
      when 4 => UW<=VW; X1<=X41; X2<=X42; X31<=X0; X32<=X1;
                A0<=1551; A1<=3102; A2<=1551; B1<=-14981; B2<=4803; Q<=5;
      when 5 => UW<=VW; X1<=X51; X2<=X52; X41<=X0; X42<=X1;
                A0<=1477; A1<=2955; A2<=1477; B1<=-14270; B2<=3798; Q<=6;
      when 6 => UW<=VW; X1<=X61; X2<=X62; X51<=X0; X52<=X1;
                A0<=1431; A1<=2862; A2<=1431; B1<=-13819; B2<=3159; Q<=7;
      when 7 => UW<=VW; X1<=X71; X2<=X72; X61<=X0; X62<=X1; SAMP<='1';
                A0<=1408; A1<=2816; A2<=1408; B1<=-13600; B2<=2849; Q<=0;
    end case;
  end if;
 end process;
end Behavioral;
```

をさせる順序制御回路であり，同時にサンプリング信号$SAMP$を作成している．case文は，$CLOCK$のタイミング毎に，バイカッド回路の変数値および係数値を切り替えて，逐次，その演算を行っている．なお，係数については換算した整定数値を与えている．「when 0 =>」では，VWは7段目の出力であるので，これをフィルタ出力Vとし，同時に，フィルタ入力UをUWに取り込み，7段目のシフトレジスタの更新（シフト動作）を行い，0段目の変数値と係数値をバイカッド回路に送っている．「when 1=>」では，VWは0段目出力であるので，これを1段目入力UWとして取り込む．「when 3=>」と「when 7 =>」には，信号$SAMP$の値を切り替えて，デューティ比50%パルスの作成を加えている．

図12.11に各信号のタイミングを示す．図中の遅延は，$CLOCK$に対する同期動作の遅れを少々誇張して示したものである．

参考 本回路のゲート使用量は，著者が15万ゲート規模FPGA上で作成実験した例を示せば，約2万6千ゲートであった．

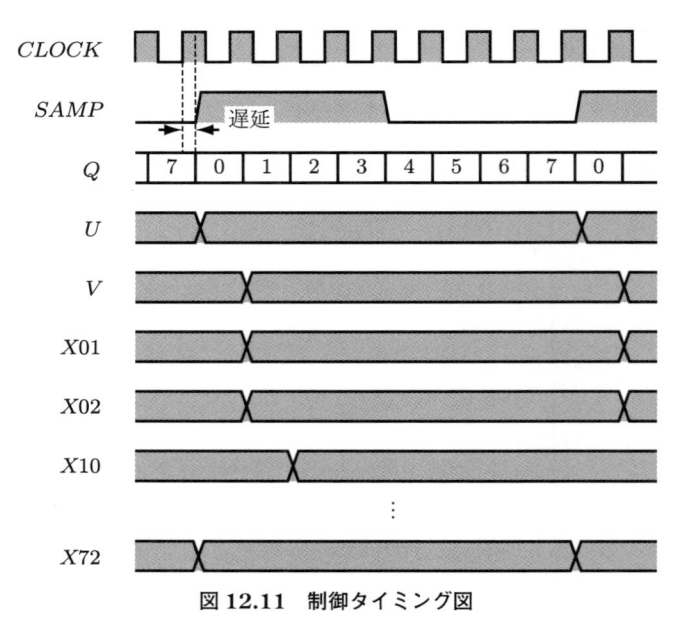

第 12 章　ディジタルフィルタ回路

```
CLOCK
SAMP       遅延
Q      7 0 1 2 3 4 5 6 7 0
U
V
X01
X02
X10
  ⋮
X72
```

図 12.11　制御タイミング図

演習問題 12

12.1 リスト 12.1 において，信号 SW は $Q=61$ のときだけ 1 となるように思われるが，実際には，図 12.6 に示すように，$Q=62$ のときだけ 1 となる．その理由を説明せよ．

12.2 $CLOCK$ 周波数 32 MHz，サンプリング周波数 200 kHz，次数 120 の FIR 型フィルタを実現するには，リスト 12.1 はどのようになるか．

12.3 本文の IIR 型ディジタルフィルタを，サンプリング周波数 1 MHz（カットオフ周波数 0.125 MHz），$CLOCK$ 周波数 32 MHz で回路化する場合はどのようになるか．リスト 12.4 を参考にして答えよ．

演習問題解答

演習問題 1

1.1 (1) 00110011　(2) 11001101

1.2 略

1.3 (1) 01110101　(2) 00110011　(3) 11001101　(4) 10001011
　　　(5) 00110011　(6) 01110101　(7) 10001011　(8) 11001101

1.4

A B C	C S
0 0 0	0 0
0 0 1	0 1
0 1 0	0 1
0 1 1	1 0
1 0 0	0 1
1 0 1	1 0
1 1 0	1 0
1 1 1	1 1

演習問題 2

2.1

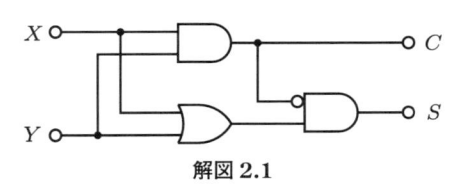

解図 2.1

2.2　$C = (\bar{X} \cdot Y \cdot Z) + (X \cdot \bar{Y} \cdot Z) + (X \cdot Y \cdot \bar{Z}) + (X \cdot Y \cdot Z)$
　　　$S = (\bar{X} \cdot \bar{Y} \cdot Z) + (\bar{X} \cdot Y \cdot \bar{Z}) + (X \cdot \bar{Y} \cdot \bar{Z}) + (X \cdot Y \cdot Z)$

演習問題解答

2.3 状態遷移表より，$Q^{n+1} = \overline{Q}^n$．

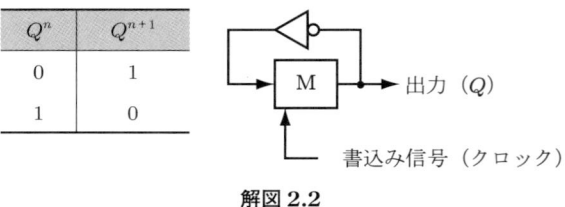

Q^n	Q^{n+1}
0	1
1	0

解図 2.2

演習問題 3

3.1

（部分）C<=A and B; S<=A xor B;

3.2

（部分）C<=A and B; S<=(not A and B)or(A and not B);

3.3

（部分）C<=(not X and Y and Z) or(X and not Y and Z)
       or(X and Y and not Z)or(X and Y and Z);
    S<=(not X and not Y and Z)or(not X and Y and not Z)
       or(X and not Y and not Z)or(X and Y and Z);

演習問題 4

4.1

```
library IEEE;
use IEEE.STD_LOGIC_1164.ALL;
entity UPPER_layer is
  port( A,B,C,D:in std_logic;
        P,Q:out std_logic );
  end UPPER_layer;
architecture Behaioral of UPPER_layer is
  component SOME_ONE is
    port( A,B:in std_logic;
          C:out std_logic );
    end component;
  signal  X,Y:std_logic;
```

```
begin
U1:SOME_ONE port map(A,B,X);
U2:SOME_ONE port map(C,D,Y);
U3:SOME_ONE port map(X,Y,P);
Q<=X;
end Behavioral;
```

4.2

```
library IEEE;
use IEEE.STD_LOGIC_1164.ALL;
entity DDER_16bit is
  port( X,Y:in std_logic_vector(15 downto 0);
        CIN:in std_logic;
        Z:out std_logic_vector(15 downto 0);
        COUT:out std_logic );
  end ADDER_16bit;
architecture Behaioral of ADDER_16bit is
  component ADDER_4bit is
    port( X,Y:in std_logic_vector(3 downto 0);
          CIN:in std_logic;
          Z:out std_logic_vector(3 downto 0);
          COUT:out std_logic );
    end component;
  signal   C1,C2,C3:std_logic;
begin
U3:ADDER_4bit port map(X(15 downto 12),Y(15 downto 12),C3
                    ,Z(15 downto 12),COUT;
U2:ADDER_4bit port map(X(11 downto 8),Y(11 downto 8),C2
                    ,Z(11 downto 8),C3;
U1:ADDER_4bit port map(X(7 downto 4),Y(7 downto 4),C1
                    ,Z(7 downto 4),C2;
U0:ADDER_4bit port map(X(3 downto 0),Y(3 downto 0),CIN
                    ,Z(3 downto 0),C1;
end Behavioral;
```

演習問題 5

5.1
and 回路（部分）

```
prosess(X,Y)
  begin
    if X='1'
      then if Y='1' then Z<='1'; else Z<='0'; end if;
      else Z<='0'; end if;
  end process;
```

or 回路（部分）

```
process(X,Y)
  begin
    if X='0'
      then if Y='0' then Z<='0'; else Z<='1'; end if;
      else Z<='1'; end if;
  end process;
```

xor 回路（部分）

```
process(X,Y)
  begin
    if X=Y then Z<='0'; else Z<='1'; end if;
  end process;
```

5.2

```
library IEEE;
use IEEE.STD_LOGIC_1164.ALL;
entity HALF_SUBTRACTER is
  port(X,Y:in std_logic;
       B,D:out std_logic );
  end HALF_SUBTRACTOR;
architecture Behavioral of HALF_SUBTRACTOR is
  signal XY:std_logic_vector(0 to 1);
begin
XY<=X & Y;
process(XY) begin
  case XY is
    when "00" => B<'0'; D<='0';
```

```
      when "01" => B<='1'; D<='1';
      when "10" => B<='0'; D<='1';
      when "11" => B<='0'; D<='0';
      when others => B<='X'; D<='X';
      end case;
   end process;
end Behavioral;
```

5.3

```
(部分)
signal  ABC:std_logic_vector(2 downto 0);
begin
ABC<=A&B&C;
process(ABC) begin
   case ABC is
     when "000" => Z<="0001";
     when "001" => Z<="0010";
     when "010" => Z<="0100";
     when "011" => Z<="1000";
     when others => Z<="0000";
     end case;
  end process;
```

5.4

```
(部分)
signal  BC:std_logic_vector(1 downto 0);
begin
BC<=B&C;
process(A,BC) begin
   if A=0 then
     case BC is
       when "00" => Z<="0001";
       when "01" => Z<="0010";
       when "10" => Z<="0100";
       when "11" => Z<="1000";
       when others => Z<="XXXX";
       end case;
     else Z<="0000";
     end if;
```

```
    end process;
```

演習問題 6

6.1

```
library IEEE;
use IEEE.STD_LOGIC_1164.ALL;
use IEEE.STD_LOGIC_UNSIGNED.ALL;
entity COUNTER_BCD_2 is
  port( CI,RESET:in std_logic;
        CO:out std_logic;
        D0,D1:out std_logic_vector(3 downto 0) );
  end COUNTER_BCD_2;
architecture Behaioral of COUNTER_BCD_2 is
  component BCD_COUNTER is
    port( CI,RESET:in std_logic;
          CO:out std_logic;
          D:out std_logic_vector(3 downto 0) );
    end component;
  signal  CW:std_logic;
begin
U0:BCD_COUNTER port map(CI,RESET,CW,D1);
U1:BCD_COUNTER port map(CW,RESET,CO,D2);
end Behavioral;
```

6.2

```
library IEEE;
use IEEE.STD_LOGIC_1164.ALL;
use IEEE.STD_LOGIC_UNSIGNED.ALL;
entity COUNTER_60 is
  port( SEC:in std_logic;
        D10:out std_logic_vector(3 downto 0);
        D6:out std_logic_vector(2 downto 0);
        C6:out std_logic );
  end COUNTER_60;
architecture Behaioral of COUNTER_60 is
  signal  C10,C6:std_logic;
  signal  Q10:std_logic_vector(3 downto 0);
  signal  Q6:std_logic_vector(2 downto 0);
```

```
begin
D10<=Q10;   D6<=Q6;
process(SEC) begin
  if SEC'event and SEC='1' then
    if Q10=9 then Q10<="0000"; C10<='1';
          else Q10<=Q10+1; C10<='0'; end if;
    end if;
  end process;
process(C10) begin
  if C10'event and C10='1' then
    if Q6=5 then Q6<="000"; C6<='1';
          else Q6<=Q6+1; C6<='0'; end if;
    end if;
  end process;
end Behavioral;
```

6.3

```
library IEEE;
use IEEE.STD_LOGIC_1164.ALL;
entity GRAY_code is
  port( CLOCK:in std_logic;
        CODE:out std_logic_vector(3 downto 0));
  end GRAY_code;
architecture Behaioral of GRAY_code is
  signal  Q:std_logic_vector(3 downto 0);
begin
CODE<=Q;
process(CLOCK) begin
  if CLOCK'event and CLOCK='1' then
    if Q="0000" then Q<="0001";
    elsif Q="0001" then Q<="0011";
    elsif Q="0011" then Q<="0010";
    elsif Q="0010" then Q<="0110";
    elsif Q="0110" then Q<="0111";
    elsif Q="0111" then Q<="0101";
    elsif Q="0101" then Q<="0100";
    elsif Q="0100" then Q<="1100";
    elsif Q="1100" then Q<="1101";
    elsif Q="1101" then Q<="1111";
    elsif Q="1111" then Q<="1110";
```

```
      elsif Q="1110" then Q<="1010";
      elsif Q="1010" then Q<="1011";
      elsif Q="1011" then Q<="1001";
      elsif Q="1001" then Q<="1000";
      else Q="1000" then Q<="0000"; end if;
      end if;
  end process;
end Behavioral;
```

6.4

```
library IEEE;
use IEEE.STD_LOGIC_1164.ALL;
use IEEE.STD_LOGIC_UNSIGNED.ALL;
entity FREQ_DIVIDER is
  port( FIN:in std_logic;
        FOUT:out std_logic );
  end FREQ_DIVIDER;
architecture Behavioral of FREQ_DIVIDER is
  signal Q:integer range 0 to 32767;
begin
process(FIN)
  begin
  if FIN'event and FIN='1' then
    if Q<16383 then FOUT<='0'; Q<=Q+1;
    elsif Q<32767 then FOUT<='1'; Q<=Q+1;
    else FOUT<='0'; Q<=0; end if;
    end if;
  end process;
end Behavioral;
```

演習問題 7

7.1

```
library IEEE;
use IEEE.STD_LOGIC_1164.ALL;
use IEEE.STD_LOGIC_UNSIGNED.ALL;
entity BCD_ADDER is
  port( X,Y:in std_logic_vector(3 downto 0);
        CIN:in std_logic;
```

```vhdl
          C:out std_logic;
          Z:out std_logic_vector(3 downto 0) );
  end BCD_ADDER;
architecture Behavioral of BCD_ADDER is
  signal W:std_logic_vector(4 downto 0);
begin
W<=X+Y+CIN;
process(W)
  begin
  if W<10
    then Z<=W(3 downto 0); C<='0';
    else Z<=W(3 downto 0)+6; C<='1'; end if;
  end process;
end Behavioral;
```

7.2

```vhdl
library IEEE;
use IEEE.STD_LOGIC_1164.ALL;

  entity ADDER_4BCD is
    Port( X3,X2,X1,X0,Y3,Y2,Y1,Y0:in std_logic_vector(3 downto 0);
          CIN:in std_logic;
          Z3,Z2,Z1,Z0:out std_logic_vector(3 downto 0);
          COUT:out std_logic );
  end ADDER_4BCD;

architecture Behavioral of Adder_4bit is
  component BCD_ADDER is
    port( X,Y:in std_logic_vector(3 downto 0);
          CIN:in std_logic;
          C:out std_logic;
          Z:out std_logic_vector(3 downto 0) );
    end component;
signal C1,C2,C3:std_logic;
begin
U3:BCD_ADDER port map(X3,Y3,C3,COUT,Z3);
U2:BCD_ADDER port map(X2,Y2,C2,C3,Z2);
U1:BCD_ADDER port map(X1,Y1,C1,C2,Z1);
U0:BCD_ADDER port map(X0,Y0,CIN,C1,Z0);
end Behavioral;
```

演習問題 8

8.1 (a) 000010001100　　(b) 111101110100　　(c) 000010001100

8.2 101100
　　　▲
　　小数点位置

8.3

(加算と右シフト) ACC<=to_stdlogicvector(to_bitvector(
　　　　　　　　ACC(31 down to 16)+X) & ACC(15 downto 0)
　　　　　　　) sra 1));

(右シフト) ACC<=to_stdlogicvector(to_bitvector(ACC) sra 1);

8.4

```
library IEEE;
use IEEE.STD_LOGIC_1164.ALL;
use IEEE.STD_LOGIC_UNSIGNED.ALL;
entity ABS_DIV is
  port( RESET,CLK,RQ:in std_logic;
        RDY:out std_logic;
        X:in std_logic_vector(31 downto 0);
        Y:in std_logic_vector(15 downto 0);
        Z,R:out std_logic_vector(15 downto 0) );
end ABS_DIV;
architecture Behavioral of ABS_DIV is
  signal Q:integer range 0 to 18;
  signal ACC:std_logic_vector(31 downto 0);
  signal SUB:std_logic_vector(15 downto 0);
begin
R<=ACC(31 downto 16); Z<=ACC(15 downto 0);
SUB<=ACC(31 downto 16)-Y;
Process(CLK) begin
  if RESET='1' then RDY<='0'; Q<=0;
    elsif CLK'event and CLK='1' then
      case Q is
        when 0 => if RQ='1' then
                    Q<=1; acc<=X;
                  end if;
        when 1 to 16 =>
          if ACC(31 downto 16)>=Y
```

```
                    then ACC<=SUB(14 downto 0) & ACC(15 downto 0)& '1';
                                                    --（減算と左シフト）
                    else ACC<=ACC(30 downto 0) & '0';      --（左シフト）
                end if;
                Q<=Q+1;
            when 17 => RDY<='1'; Q<=18;
            when 18 =>
                if RQ='0' then RDY<='0'; Q<=0; end if;
          end case;
        end if;
      end process;
    end Behavioral;
```

演習問題 9

9.1 次の 2 個の process 文となる．

```
    process(CP)
      begin
      if CP'event and CP='1' then
        if Q1=332 then CLOCK<='1'; Q1<=0;
                 else CLOCK<='0'; Q1<=Q1+1; end if;
        end if;
      end process;
    process(CLOCK,RESET)
      begin
      if RESET='1' then Q2<=0; RDY<='0'; PE<='0'; OE<='0';
        elsif CLOCK'event and CLOCK='1' then

          case Q2 is
            when 0 => 7|12|17|22|27|32|42 =>
            （以下，リスト 9.1 の case 文に同じ）
        end if;
      end process;
```

9.2 式 (9.1) の n を，同じく，$n=5$ とすれば

```
    signal Q1:integer range 0 to 124;      --Q1 の signal 文
    if Q1=124 then CLOCK<='1'; Q1<=0;      --3
```

演習問題解答

9.3 リスト 9.2 の process 文中の case 文の when 1=>, when 2=>, …, when 8=> の部分だけをまとめて次のように書き換える.

```
when 1 to 8 => if TIMER=0 then
                  Q<=Q+1; SOUT<=SR_T(0); TIMER<=1666;
                  PARITY<=PARITY xor SR_T(0);
                  SR_T<='0' & SR_T(7 downto 1);
               end if
```

9.4 各信号代入文は同時に機能するので，相違はない.

演習問題 10

10.1 たとえば，カウンタの値が 999999 のとき，カウント入力直後のカウンタを読み出した場合，後段ほどカウントアップ動作が遅延するので，場合によっては，999000 と読み出されるような事態が生じる.

10.2 単純化のために，カウンタはすべて 4 bit カウンタとした．ただし，カウント機構は例題 **10.1** に従った.

```
library IEEE;
use IEEE.STD_LOGIC_1164.ALL;
use IEEE.STD_LOGIC_UNSIGNED.ALL;

entity tokei is
    Port ( CP:in std_logic;
           HH1,HH0,MM1,MM0,SS1,SS0:out std_logic_vector(3 downto 0));
end tokei;

architecture Behavioral of tokei is
  signal Q:integer range 0 to 63999;
  signal SEC:std_logic;
  signal S0,S1,M0,M1,H0,H1:std_logic_vector(3 downto 0);
begin
process(CP)
  begin
  if CP'event and CP='1' then
    if Q=63999 then SEC<='1'; Q<=0;
         else SEC<='0'; Q<=Q+1; end if;
      end if;
  end process;
process(sec,reset)
```

144

```
    begin
      if SEC'event and SEC='1' then
        if S0=9 then S0<="0000";
          if S1=5 then S1<="0000";
            if M0=9 then M0<="0000";
              if M1=5 then M1<="0000";
                if H0=9 or (H1=2 and H0=3) then H0<="0000";
                  if H1=2 then H1<="0000";
                  else H1<=H1+1; end if;
                else H0<=H0+1; end if;
              else M1<=M1+1; end if;
            else M0<=M0+1; end if;
          else S1<=S1+1; end if;
        else S0<=S0+1; end if;
      end if;
    end process;
    HH1<=H1; HH0<=H0; MM1<=M1; MM0<=M0; SS1<=S1; SS0<=S0;
    end Behavioral;
```

演習問題 11

11.1 15 回

11.2

```
library IEEE;
use IEEE.STD_LOGIC_1164.ALL;
use IEEE.STD_LOGIC_UNSIGNED.ALL;

entity RAM is
  Port (ADDRESS:in integer range 0 to 63;
        DATA_IN:in std_logic_vector(7 downto 0);
        DATA_OUT:out std_logic_vector(7 downto 0);
        WRITE:in std_logic );
end RAM;

architecture Behavioral of RAM is
  subtype DATA_TYPE is std_logic_vector(7 downto 0);
  type ARRAY_DATA is array(0 to 63) of DATA_TYPE;
  signal MEMORY:ARRAY_DATA;
begin
DATA_OUT<=MEMORY(ADDRESS);
```

```
process(WRITE)
  begin
  if WRITE'event and WRITE='0'
    then MEMORY(ADDRESS)<=DATA_IN; end if;
  end process;
end Behavioral;
```

演習問題 12

12.1 「Q<=Q+1;」と「SW<='1';」とは同時動作であるので,SW が 1 となっているときは,Q は 62 である.

12.2 変更部(文)だけを示す.

```
ADDRESS:in integer range o to 120; -- component ROM および SWM の中
signal Q:integr range 0 to 159;
signal ADDRESS:integer range 0 to 120;
case Q is
  when 0 to 79 | 81 to 120
            => Q<=Q+1; ADDRESS<=Q; ACC<=ACC+Zi;
  when 80   => Q<=Q+1; ADDRESS<=Q; ACC<=ACC+Zi; SAMP<='0';
  when 121  => Q<=Q+1; SW<='1'; X<=ACC; ACC<=0;
  when 159  => Q<=0; SAMP<='1';
  when others => Q<=Q+1;
  end case;
```

12.3 (1) $CLOCK$ を 1/4 分周した 8 MHz の $CLOCK1$ を作って,これで順序制御をする.

(2) 順序制御状態を 31 まで増加し,$0 \sim 7$ でバイカッドの逐次処理.$SAMP$ については $0 \sim 15$ の間は 1,それ以外は 0 とする.

さくいん

■ 英数

2の補数表示	6
3状態出力	40
7セグメント数字表示器	100, 106
AD変換器	2
ALU	60
and回路	13
architecture部	28
architecture名	28
ASIC	21
BCDカウンタ	47
bit	3
Booth法	75
case文	41
component文	32
CORDIC	111
cos関数	111
CPLD	23
DA変換器	2
EEPROM	23
entity部	26
EPROM	22
event属性	46
FIR型ディジタルフィルタ	119
for-loop	91
FPGA	23
HDL	20
if文	39
IIR型ディジタルフィルタ	127
integer型	54
LED	106
library部	25
LSB	14
LSI	2
MSB	6
not回路	12
or回路	13
PLD	21
port文	27
process文	39
PROM	18
signal文	28
sin関数	111
std_logic型	40
use文	25
vector型	35
VHDL	21

■ あ行

アナログ信号	1
インターバルタイマ	92
演算結果の状態	62
オーバーフローエラー	8
オーバーランエラー	87

■ か行

階層記述	31
加減算機構	58
加算	7
型変換関数	55, 68
偽	10
起因リスト	39
組み合わせ禁止	44, 47
クロック	19
減算	9
降順幅	35
固定小数点	81
コメント	30

■ さ行

算術演算子	59
サンプリング	1
シフタ	68
シフト演算子	67
周波数カウンタ	99
順序回路	18, 45
昇順幅	35
状態	18

さくいん

状態遷移図・・・・・・・・・・・・・・・・・・・・・・・ 44
情報量の単位・・・・・・・・・・・・・・・・・・・・・ 3
除算・・・・・・・・・・・・・・・・・・・・・・・・・・・・・・ 83
シリアル信号・・・・・・・・・・・・・・・・・・・・・ 85
真・・・・・・・・・・・・・・・・・・・・・・・・・・・・・・・・ 10
信号代入文・・・・・・・・・・・・・・・・・・・・・・・ 29
真理値表・・・・・・・・・・・・・・・・・・・・・・・・・ 11
スタートビット・・・・・・・・・・・・・・・・・・・ 86
ストップビット・・・・・・・・・・・・・・・・・・・ 86
正／負の情報・・・・・・・・・・・・・・・・・・・・・ 5
正規化カットオフ周波数・・・・・・・・・ 121
積和演算・・・・・・・・・・・・・・・・・・・・・・・・・ 120
絶対値表示・・・・・・・・・・・・・・・・・・・・・・・ 6
全加算器・・・・・・・・・・・・・・・・・・・・ 15, 31

■ た 行

調歩型・・・・・・・・・・・・・・・・・・・・・・・・・・・ 86
調歩シリアル符号伝送・・・・・・・・・・・・ 86
直列型乗算・・・・・・・・・・・・・・・・・・・・・・・ 72
ディジタル信号・・・・・・・・・・・・・・・・・・・ 1
定数宣言・・・・・・・・・・・・・・・・・・・・・・・・・ 117
定数並び・・・・・・・・・・・・・・・・・・・・・・・・・ 118
ド・モルガン則・・・・・・・・・・・・・・・・・・・ 11
同期式回路・・・・・・・・・・・・・・・・・・・・・・・ 45
同時文・・・・・・・・・・・・・・・・・・・・・・・・・・・ 28

■ な 行

名前・・・・・・・・・・・・・・・・・・・・・・・・・・・・・ 27

■ は 行

バイカッド・・・・・・・・・・・・・・・・・・・・・・・ 127
排他的論理和・・・・・・・・・・・・・・・・・・・・・ 13
配列宣言・・・・・・・・・・・・・・・・・・・・・・・・・ 117
パラレル信号・・・・・・・・・・・・・・・・・・・・・ 85
パリティチェックビット・・・・・・・・・・ 87
半加算器・・・・・・・・・・・・・・・・・・・・・・・・・ 14
ビット・・・・・・・・・・・・・・・・・・・・・・・・・・・ 3
否定・・・・・・・・・・・・・・・・・・・・・・・・・・・・・ 10
非同期式回路・・・・・・・・・・・・・・・・・・・・・ 45
ブール代数・・・・・・・・・・・・・・・・・・・・・・・ 10
フリップフロップ・・・・・・・・・・・・・・・・ 43
分周器・・・・・・・・・・・・・・・・・・・・・・・・・・・ 50
並列加算器・・・・・・・・・・・・・・・・・・・・・・・ 33
並列型乗算・・・・・・・・・・・・・・・・・・・・・・・ 71

■ ま 行

ミーリー機械・・・・・・・・・・・・・・・・・・・・・ 97
ムーア機械・・・・・・・・・・・・・・・・・・・・・・・ 97

■ ら 行

累算器・・・・・・・・・・・・・・・・・・・・・・・・・・・ 60
論理演算子・・・・・・・・・・・・・・・・・・・・・・・ 29
論理回路・・・・・・・・・・・・・・・・・・・・・・・・・ 10
論理積・・・・・・・・・・・・・・・・・・・・・・・・・・・ 10
論理代数・・・・・・・・・・・・・・・・・・・・・・・・・ 10
論理和・・・・・・・・・・・・・・・・・・・・・・・・・・・ 10

著者略歴

兼田　護（かねだ・まもる）
- 1966 年　熊本大学工学部電気工学科電子課程卒業
- 1966 年　大分工業高等専門学校電気工学科（現電気電子工学科）助手
- 1988 年　大分工業高等専門学校電気工学科教授
- 2006 年　大分工業高等専門学校名誉教授

著　書　『Pascal による情報処理』森北出版（1990）
　　　　『ディジタル信号処理の基礎』森北出版（2000）

VHDL によるディジタル電子回路設計　　　　© 兼田　護　2007

2007 年 9 月 25 日　第 1 版第 1 刷発行　　【本書の無断転載を禁ず】
2022 年 10 月 25 日　第 1 版第 5 刷発行

著　者　兼田　護
発行者　森北博巳
発行所　森北出版株式会社
　　　　東京都千代田区富士見 1-4-11（〒 102-0071）
　　　　電話 03-3265-8341／FAX 03-3264-8709
　　　　https://www.morikita.co.jp/
　　　　日本書籍出版協会・自然科学書協会　会員
　　　　JCOPY ＜（一社）出版者著作権管理機構　委託出版物＞

落丁・乱丁本はお取替えいたします　　　　印刷・製本／丸井工文社

Printed in Japan／ISBN978-4-627-79191-6

MEMO

MEMO

MEMO